前　言

本习题册是在多年教学经验基础上，结合制图课程改革的需要编选而成，是与安大出版社出版的《机械制图与AutoCAD基础》教材配套使用的习题册。

本习题册与教材密切结合，教学同步，既着重于基本理论、基础知识的应用，又强调了基本技能，突出学生看图能力和画图能力的培养与练习。所编习题由浅入深，题目难易适中，并有一定的余量，供师生教学选用。本书可作为高职高专工科各专业使用。

参加本习题册编写工作的有：安徽电子信息职业技术学院耿晓明(第1～18题，第45～62题)，霍正林(第63～67题)，万博科技职业学院王学忠(第19～44题)，淮北职业技术学院袁依凤(第68～78题)。

由于编者水平有限，难免会有错误和疏漏之处，敬请读者批评指正。

编　者

图书在版编目(CIP)数据

机械制图与 Auto CAD 基础习题册/耿晓明主编．—2 版．合肥：安徽大学出版社，2009.7(2016.8 重印)
高等学校“十一五”规划教材．高职高专电子信息类系列
ISBN 978－7－81110－144－7

Ⅰ．①机…　Ⅱ．①耿…　Ⅲ．①机械制图：计算机制图—应用软件，Auto CAD—高等学校：技术学校—习题
Ⅳ．①TH126－44

中国版本图书馆 CIP 数据核字(2009)第 104707 号

机械制图与 Auto CAD 基础习题册　　耿晓明　主编

出版发行	安徽大学出版社 (合肥市肥西路 3 号　邮编 230039)	**印　刷**	合肥现代印务有限公司
		开　本	787×1092　1/16
联系电话	编辑室 0551－65108812 发行部 0551－65107716	**印　张**	5
		字　数	122 千
责任编辑	朱丽琴	**版　次**	2009 年 7 月第 2 版
封面设计	孟献辉	**印　次**	2016 年 8 月第 4 次印刷

ISBN 978－7－81110－144－7　　**定价 12.00 元**

如有影响阅读的印装质量问题，请与出版社发行部联系调换

字体练习	班级		学号		姓名		1

零件螺母钉柱栓垫圈齿轮弹簧序号材料备注设计

比例铸铁钢青黄铜铬铝前后左右仰俯主剖切断开

1234567890

ABCDEFGHIJKLMNOPQRSTUVWX

YZ

abcdefghijklmnopqrstuvwxyz

图线练习	班级		学号		姓名		2

在下列位置，照示例补画图线。

1.

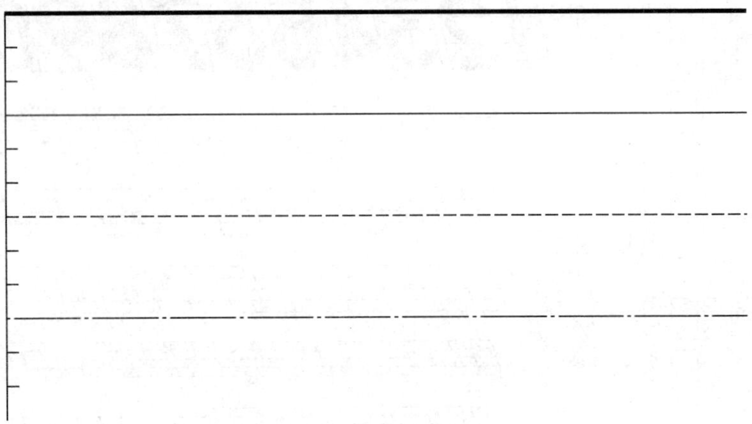

2.

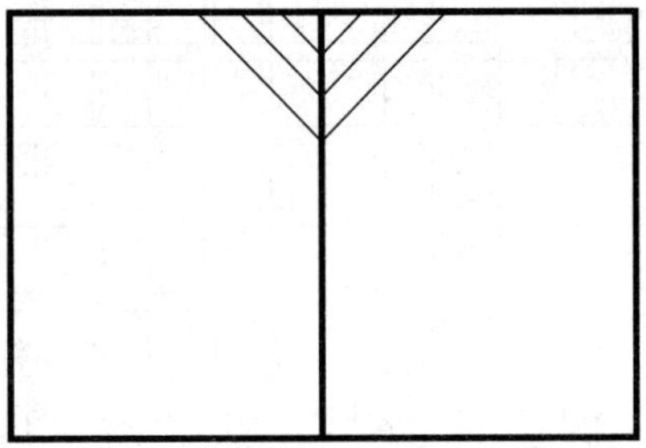

3.

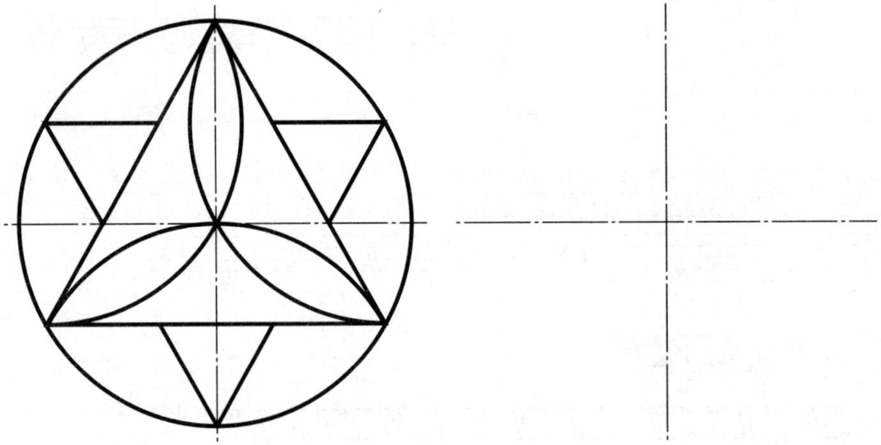

4.

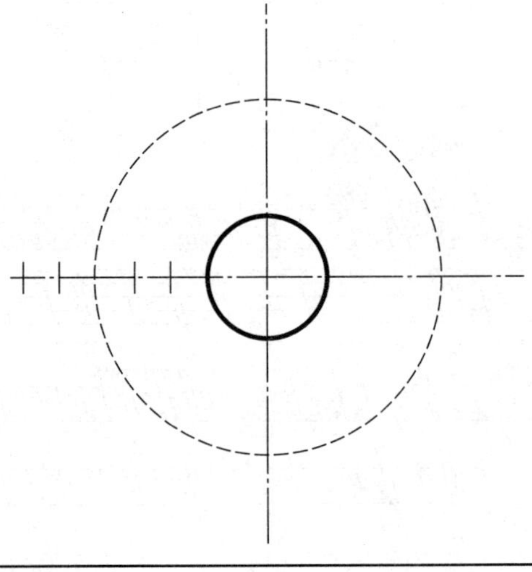

尺寸标注练习(一)	班级		学号		姓名		3

画出箭头，填写尺寸数值，数值从图中量取，圆整为整数。

1.

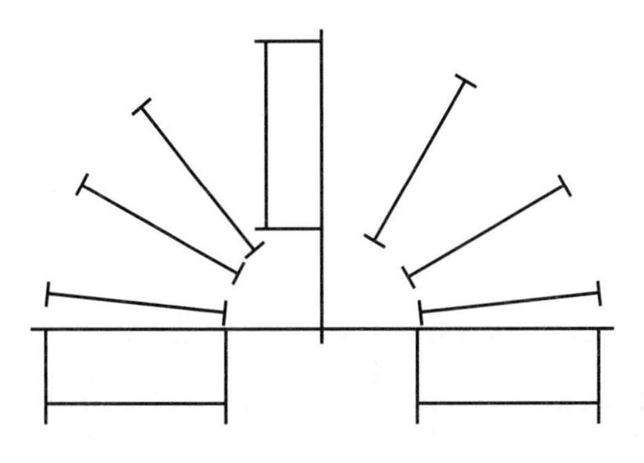

2.

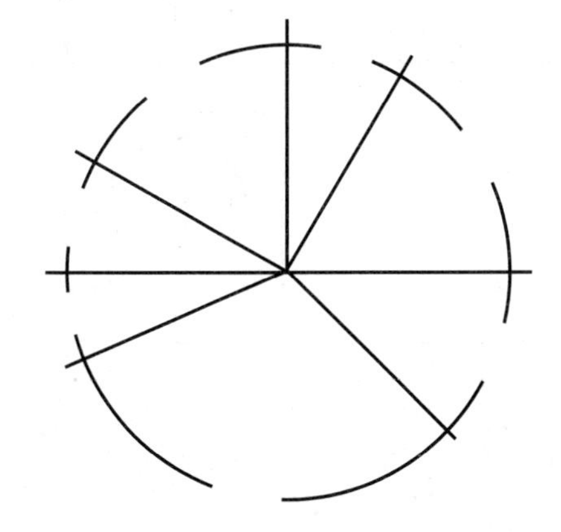

3.

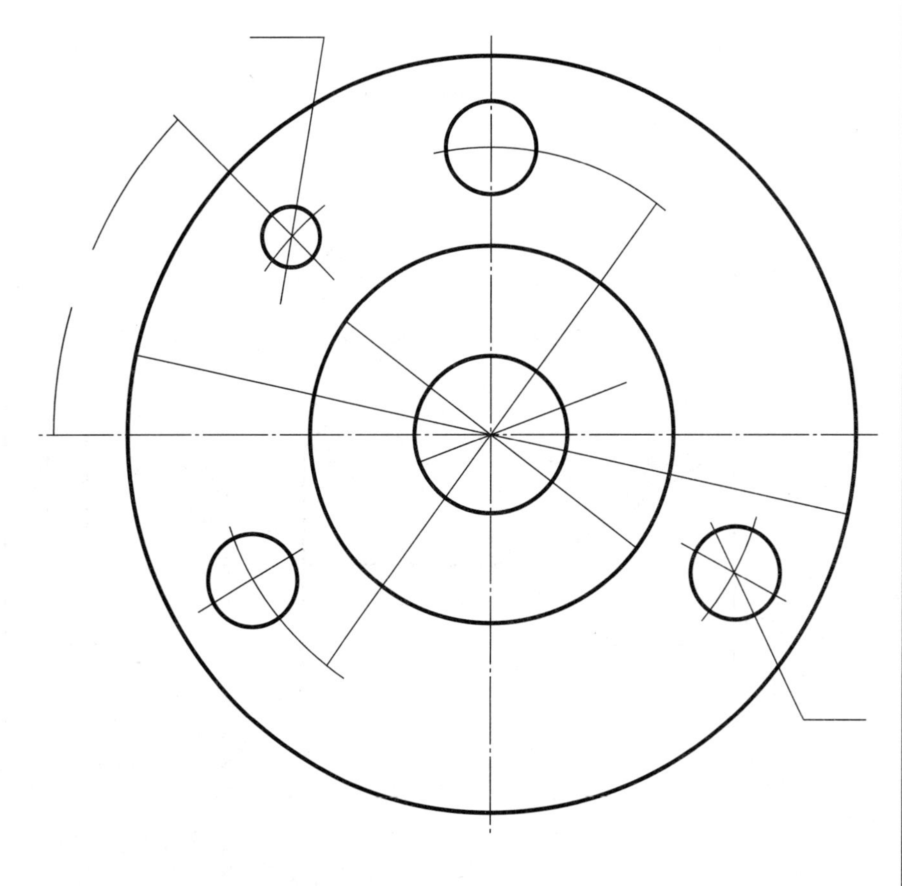

尺寸标注练习(二)	班级		学号		姓名		4

画出箭头,填写尺寸数值,数值从图中量取,圆整为整数。

1.

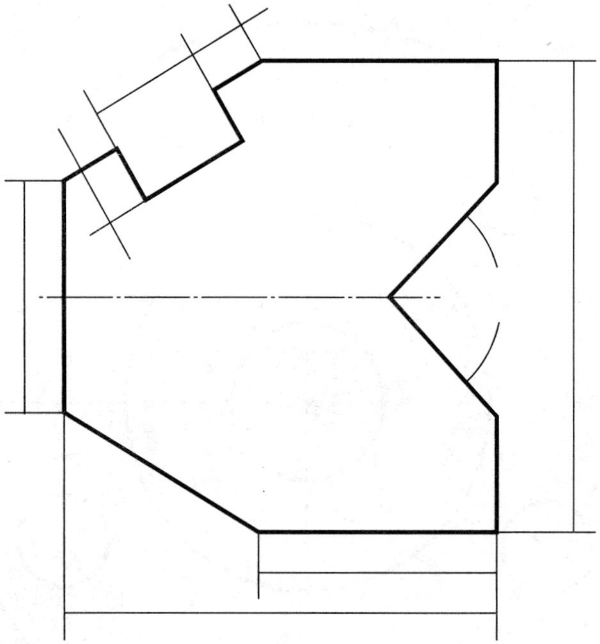

2.

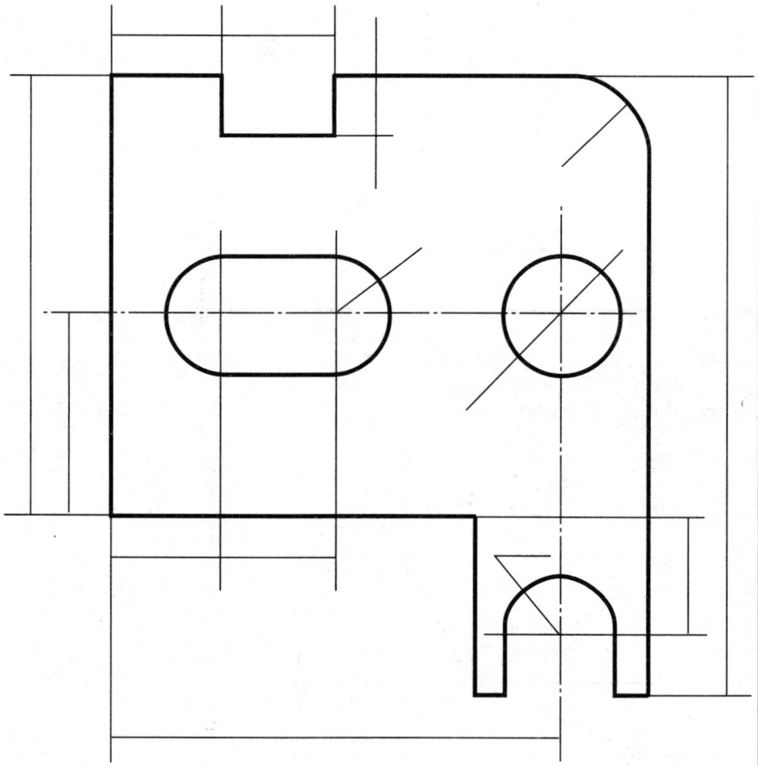

尺寸标注练习(三)	班级		学号		姓名		5

尺寸注法改错:将改正后的尺寸标注在下面空白处。

1.

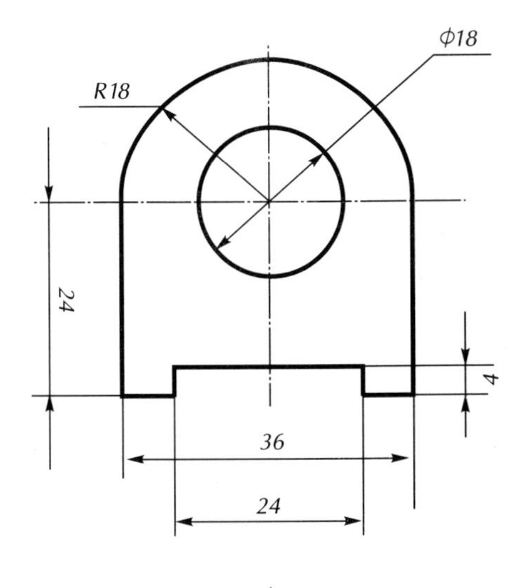

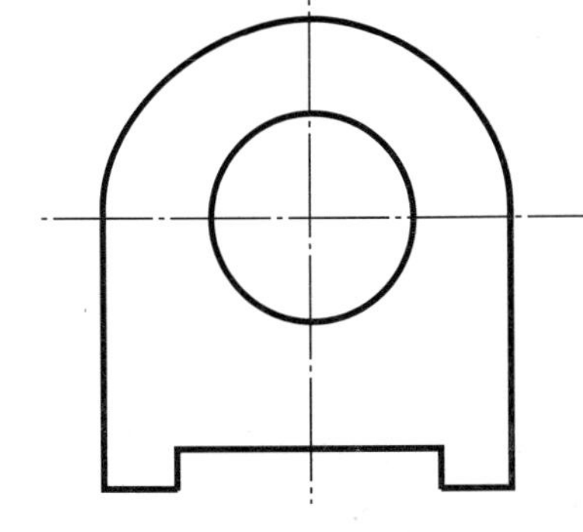

2.

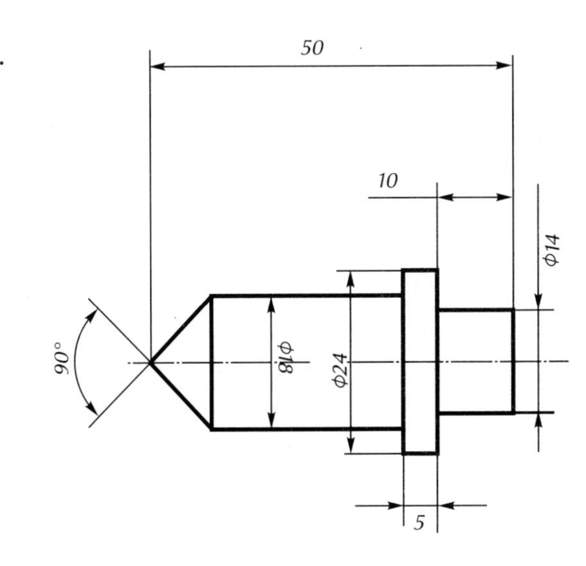

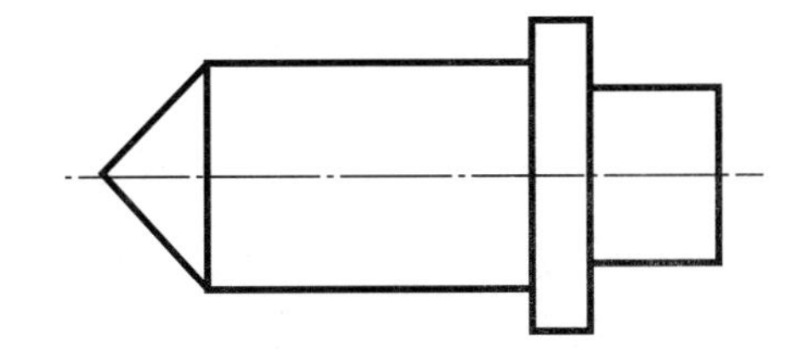

几何作图(一)	班级		学号		姓名		6

按图示尺寸，在空白处按 1∶1 比例抄绘图形，不注尺寸。

1.

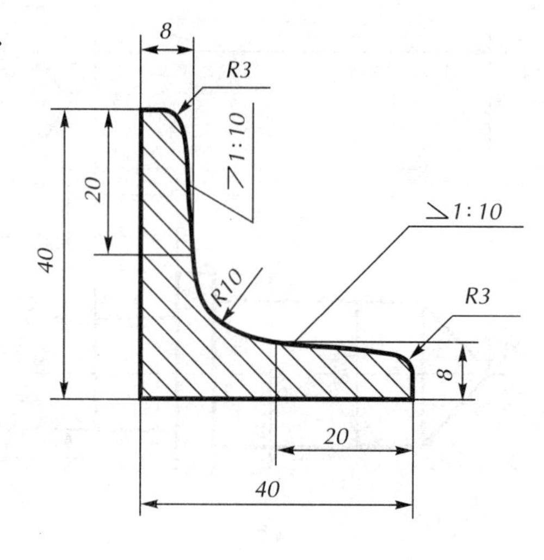

2.

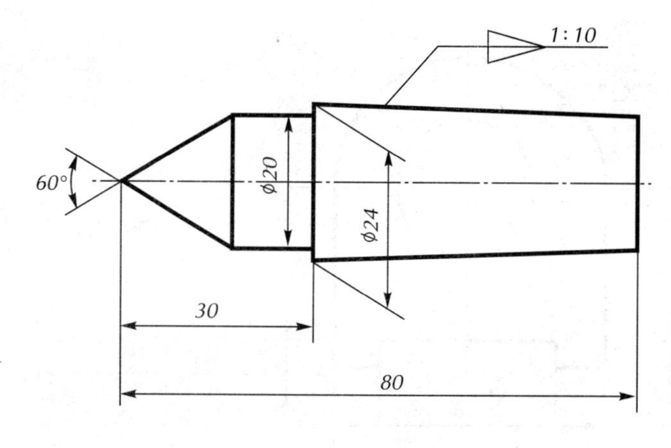

几何作图(二)	班级		学号		姓名		7

按图示尺寸,在空白处按 1∶1 比例抄绘图形,标注尺寸。

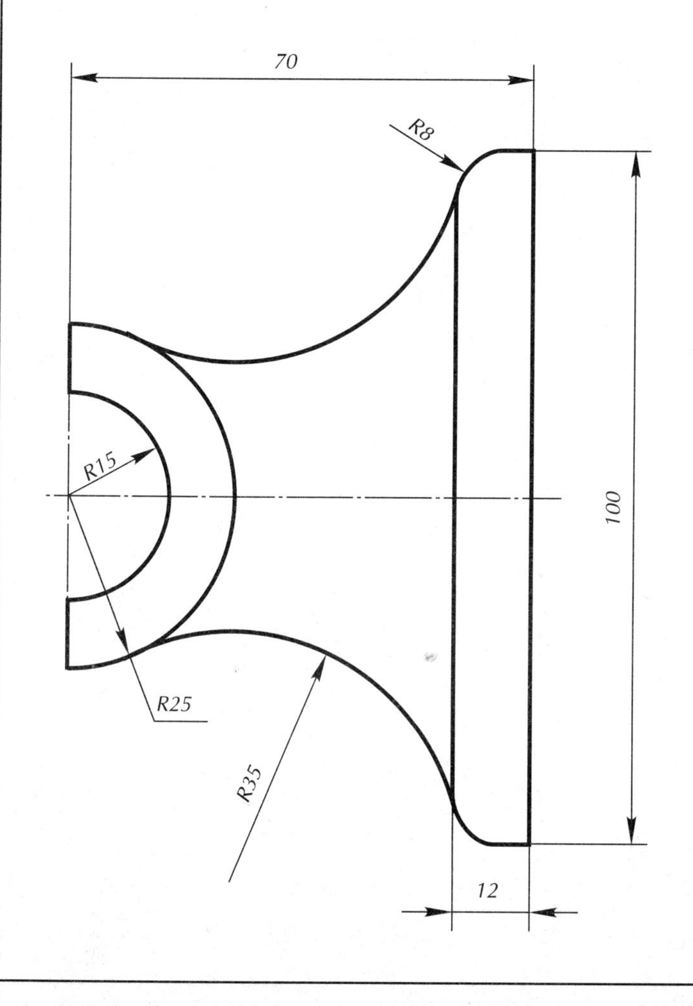

几何作图(三)	班级		学号		姓名		8

按图示尺寸,在空白处按 1∶1 比例抄绘图形,标注尺寸。

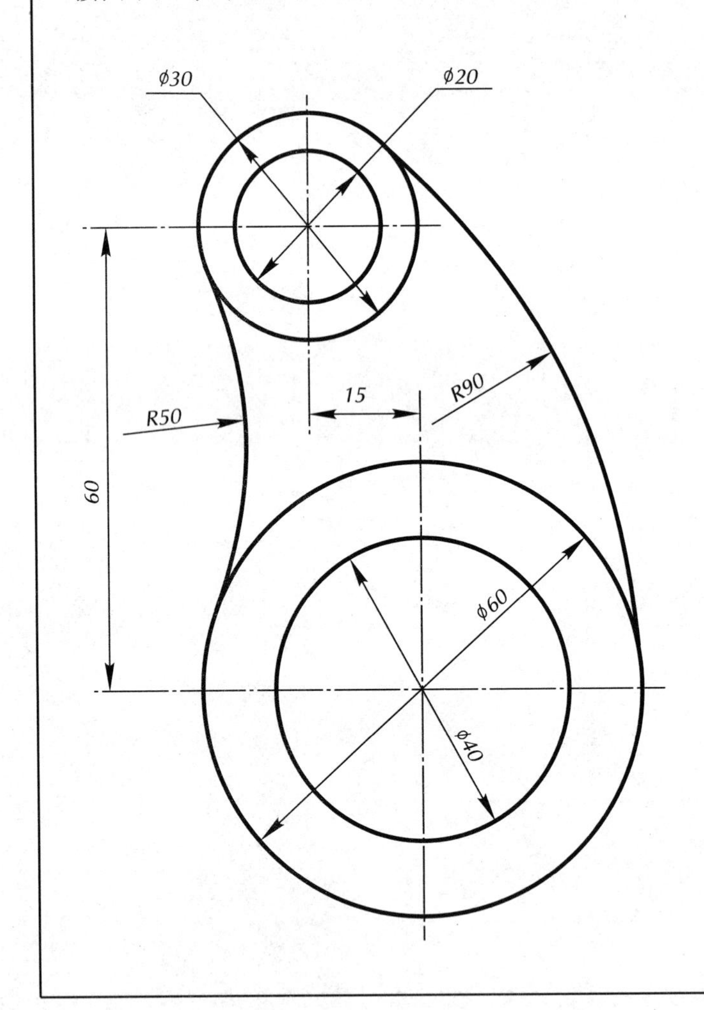

1. 根据立体图画出点 A、B、C 的三面投影图。

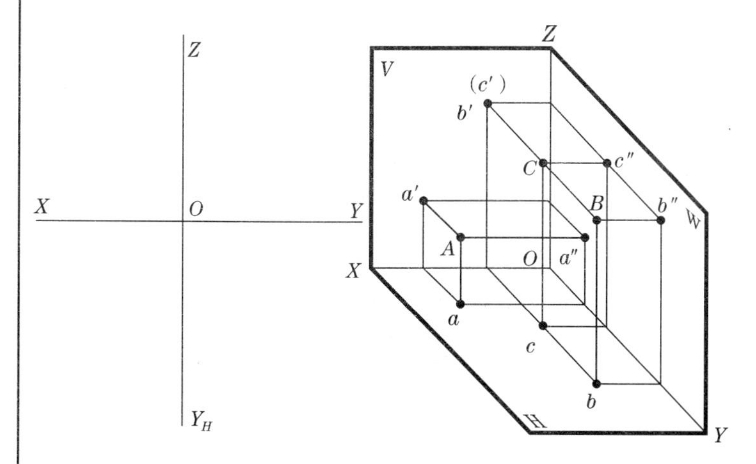

2. 已知点 A、B、C、D、E 的两面投影，画其第三投影。

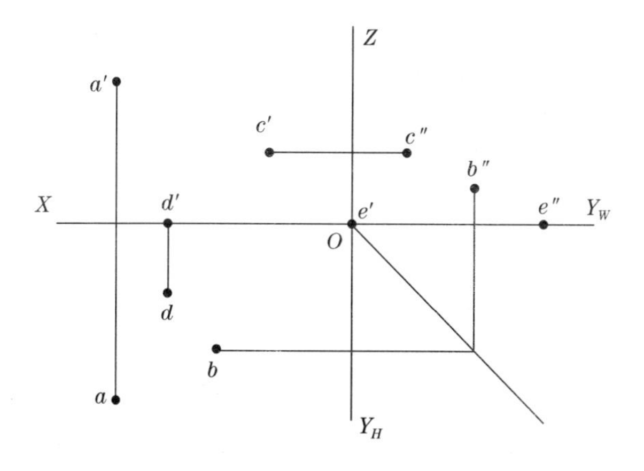

3. 已知点 $A(20,25,15)$、$B(5,15,25)$，画出其三面投影图。

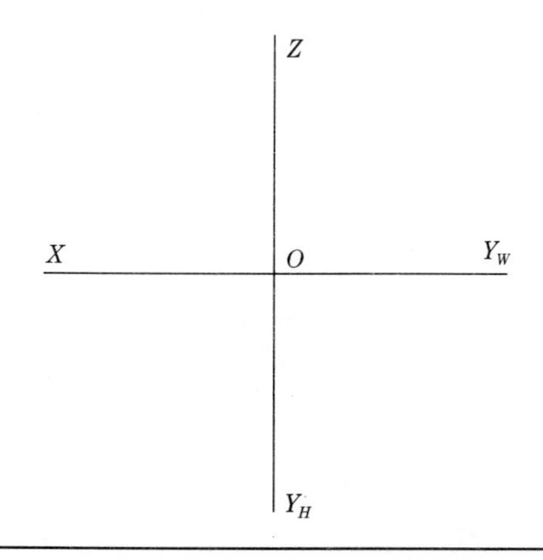

4. 已知 A 点的三面投影，B 点在 A 点的正下方 H 面上，C 点在 A 点正右方 W 面上，画出 B、C 点的三面投影，并判断其可见性。

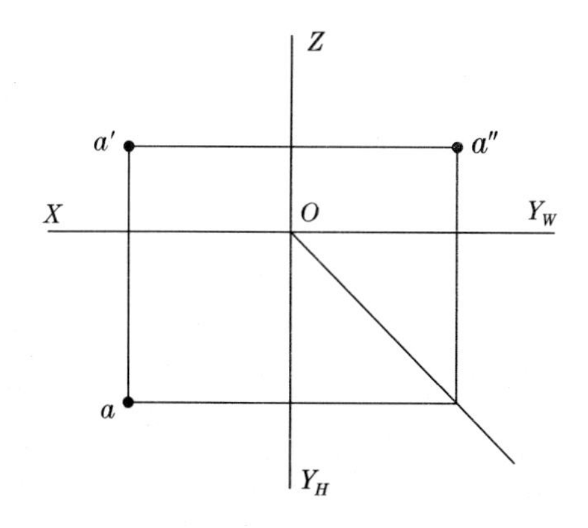

1. 已知 D、E、F 三点的两面投影，作出其第三投影，以及三点的立体图。

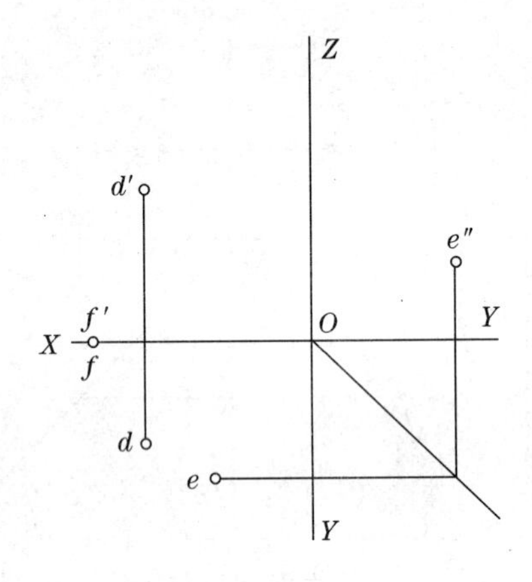

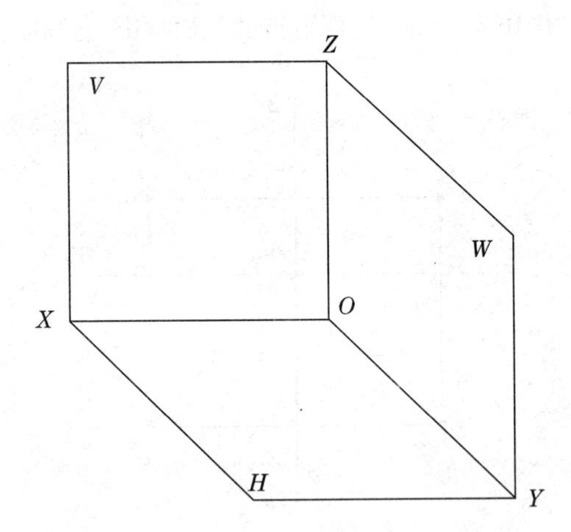

2. 指出图中的错误，并在下图中作出正确的投影。

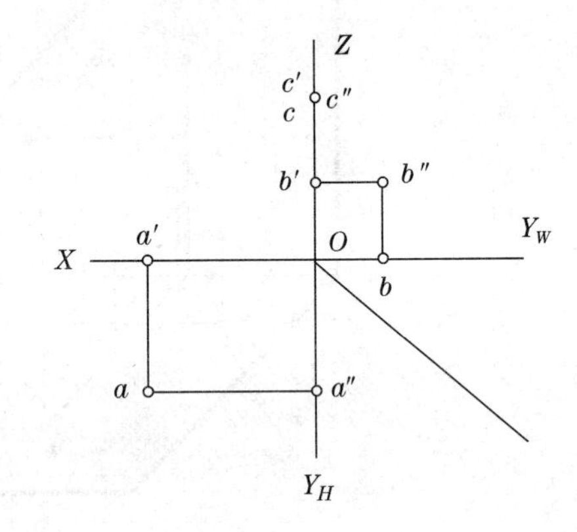

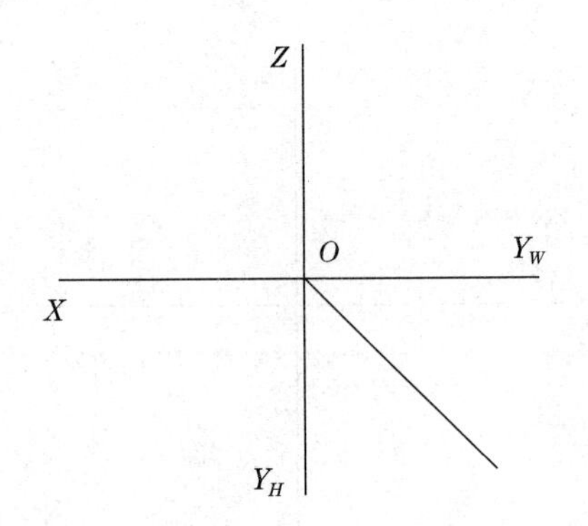

点的投影(三)	班级		学号		姓名		11

1. 已知 A 点距 W 面 20 mm，B 点距 V 面 30 mm，C 点距 H 面 35 mm 及各点的一个投影，求作另外两个投影。

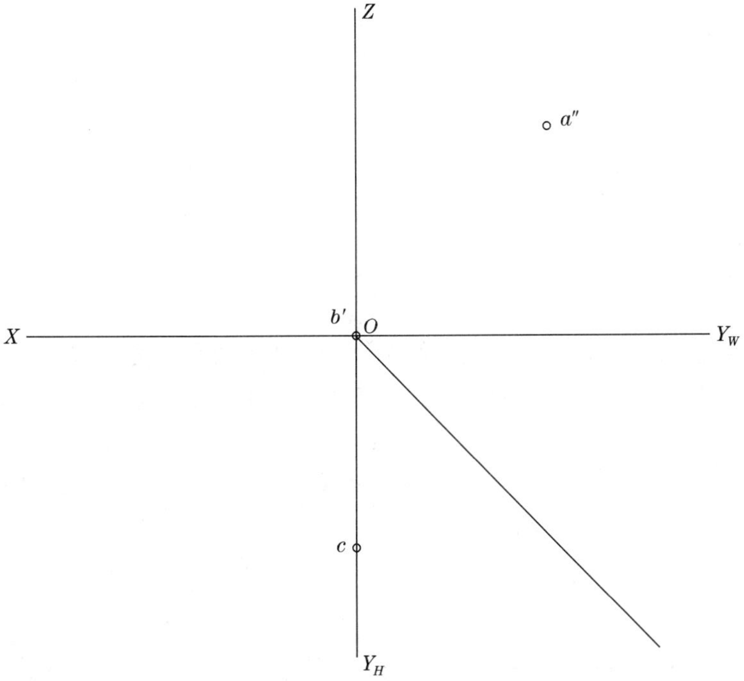

2. 已知 A、B、C 三点的两面投影及 S 点的坐标(20，20，20)，求作各点的三面投影，并将每两点用直线连接起来，想象其空间形状。

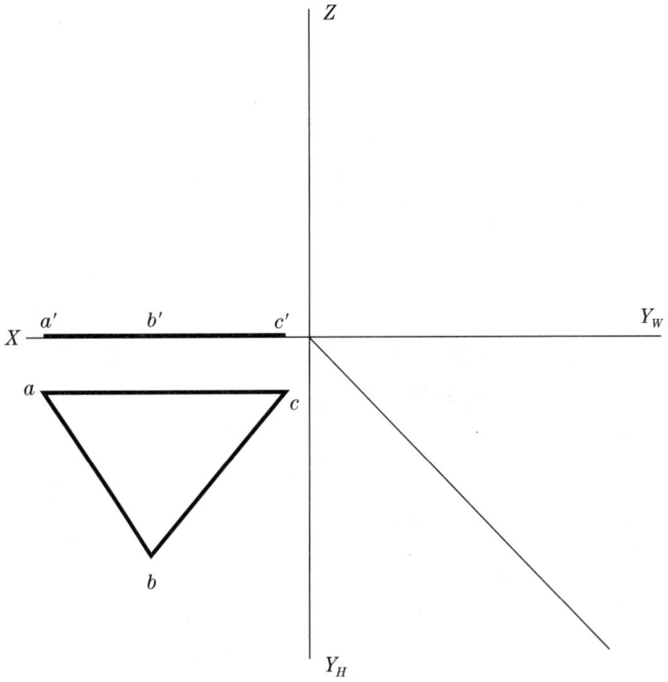

直线的投影(一)	班级		学号		姓名		12

1. 已知两点的坐标 $A(15,0,10)$, $B(8,15,0)$，求作直线 AB 的三面投影。

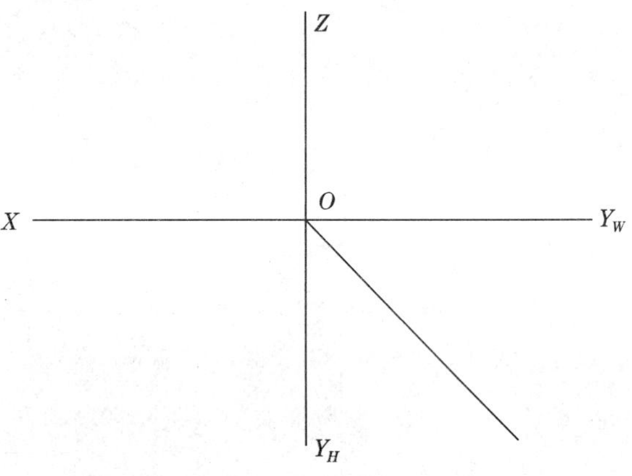

2. 已知直线 CD 的正面投影 $C'D'$ 和 D 点的水平投影 D，并知 C 点距 V 面 25 mm，试完成直线 CD 的三面投影。

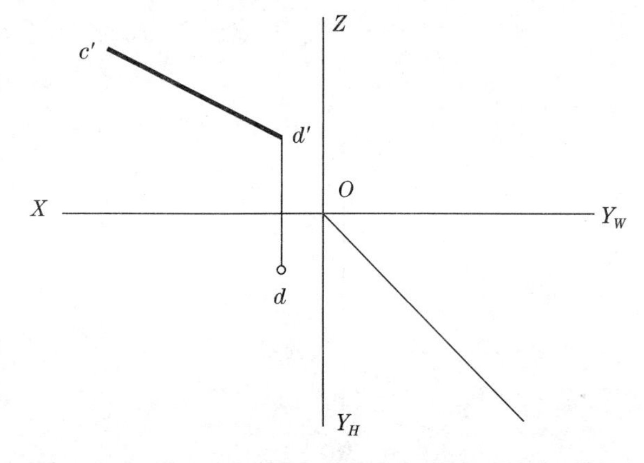

3. 已知直线 EF 在 V 面上，直线 CD 在 OY 轴上，完成直线 CD、EF 的其他两投影。

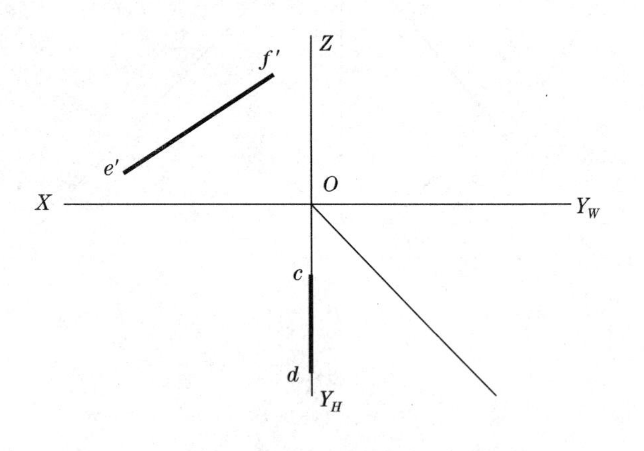

4. 已知直线 MN 的侧面投影 $M'N'$ 和 M 点的水平投影 M，并知 N 点距 W 面 15 mm，试完成直线 MN 的三面投影。

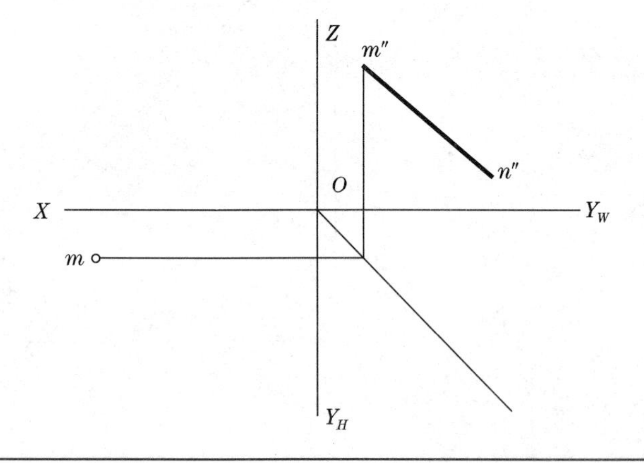

直线的投影(二)	班级		学号		姓名		13

1. 判别下列直线的位置,并将其名称写在下面的横线上。

(1) (2) 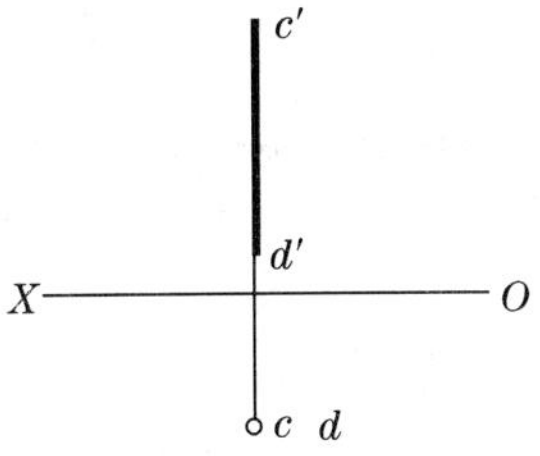 (3) 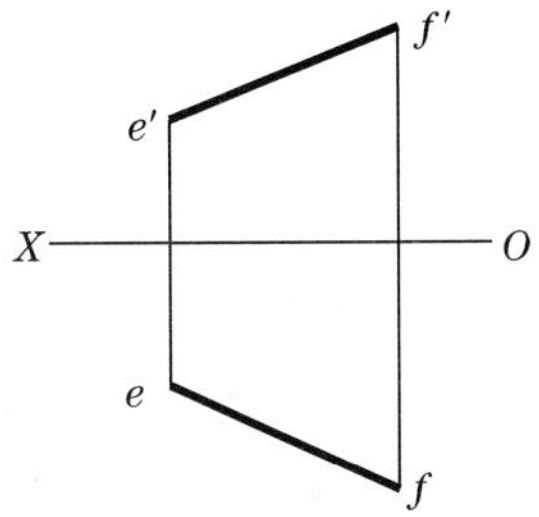 (4) 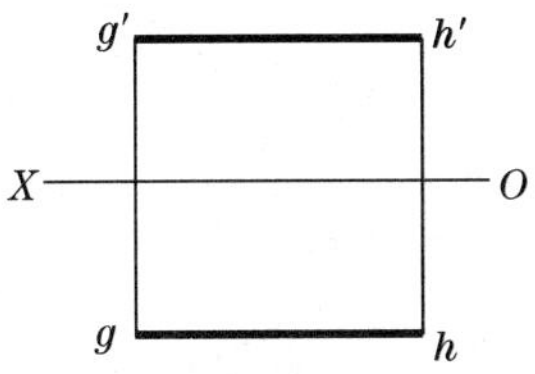 (5)

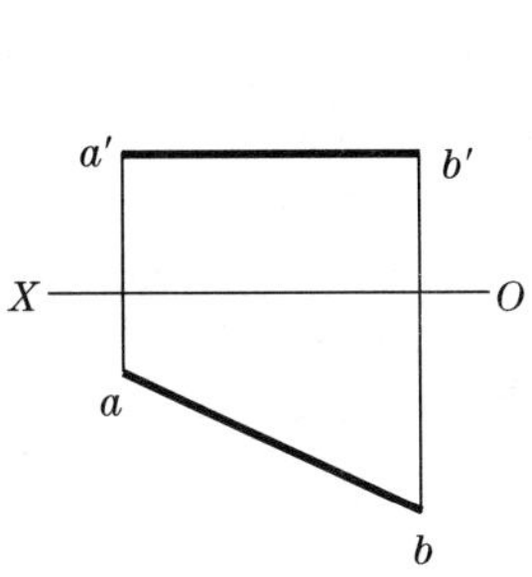

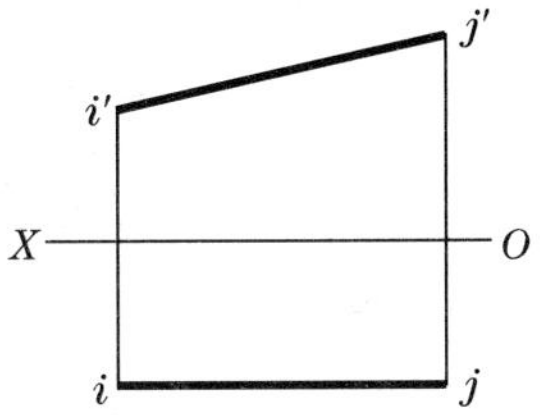

2. 判别两直线 AB、CD 的相对位置,并写在下面的横线上。

(1) (2) 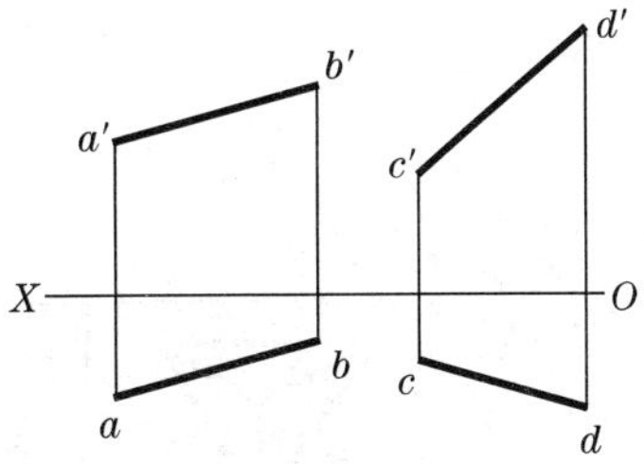 (3) 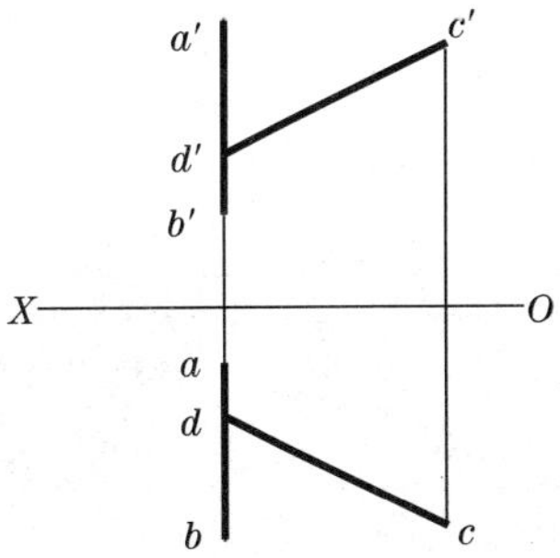 (4)

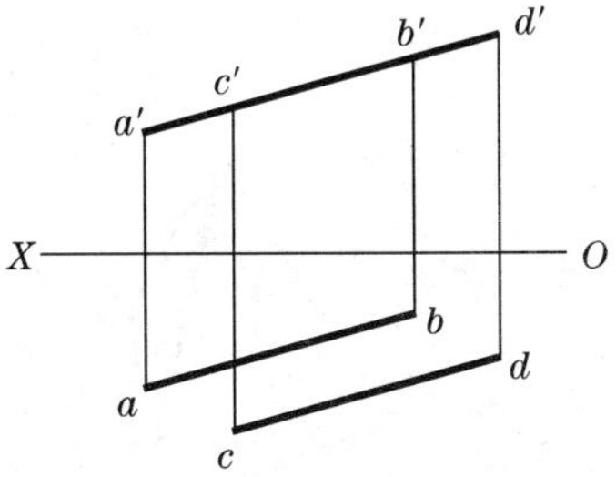

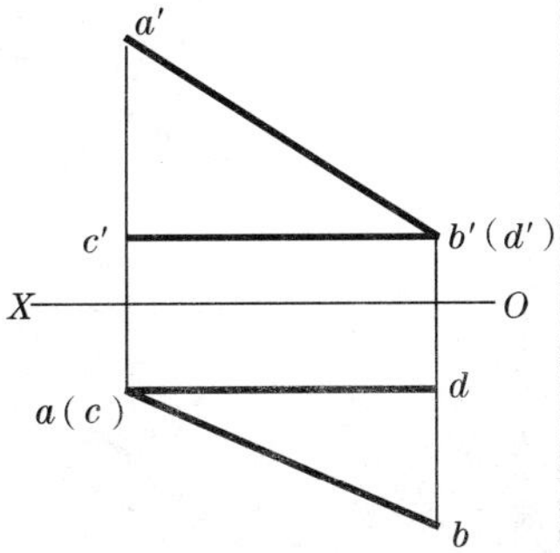

直线的投影（三）	班级		学号		姓名		14

1. 做一正平线 EF 与 V 面相距 15 mm，并与 AB、CD 相交。

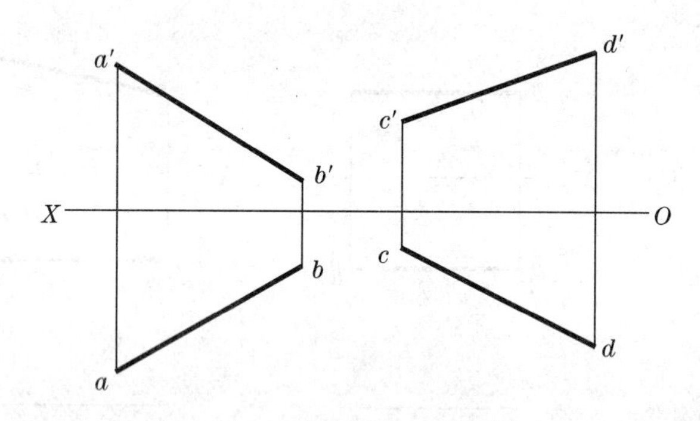

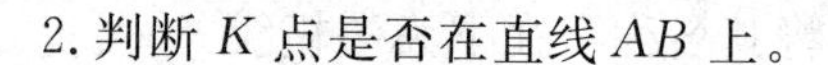
2. 判断 K 点是否在直线 AB 上。

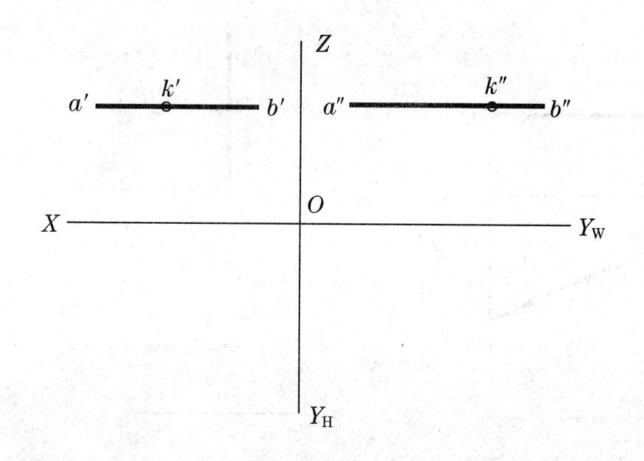

3. 已知直线 AB 的两面投影，试求 AB 上点 C 的投影，使 $CB:AC=1:3$，并完成三面投影。

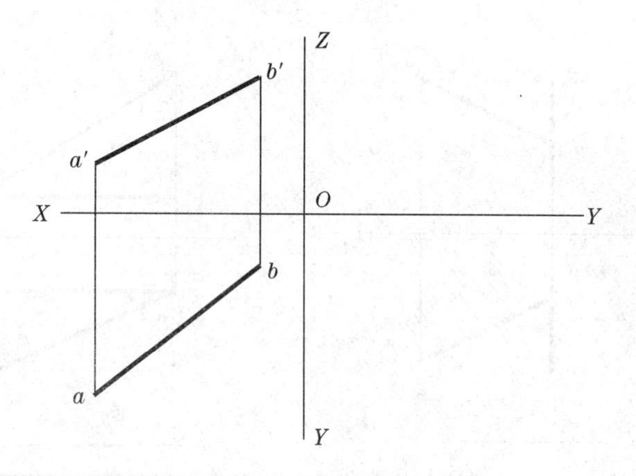

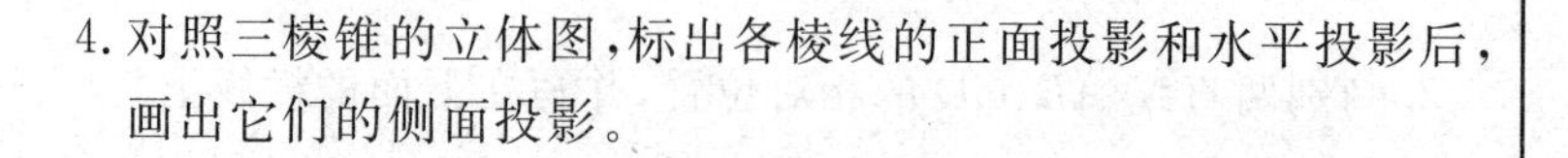
4. 对照三棱锥的立体图，标出各棱线的正面投影和水平投影后，画出它们的侧面投影。

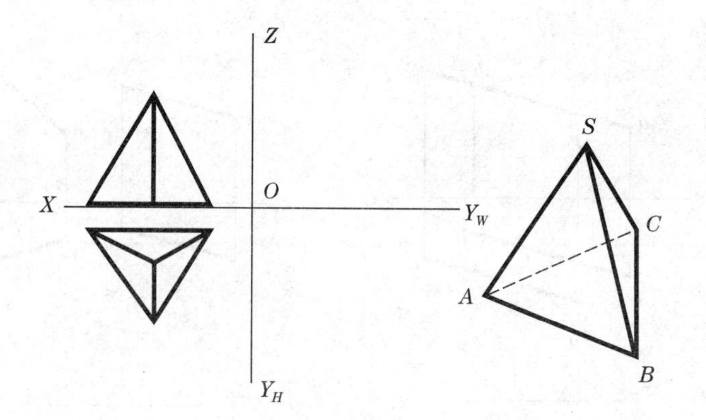

直线的投影(四)	班级		学号		姓名		15

1. 在三视图中用相应字母标出立体图上指定直线的投影，并说明其空间位置的名称。

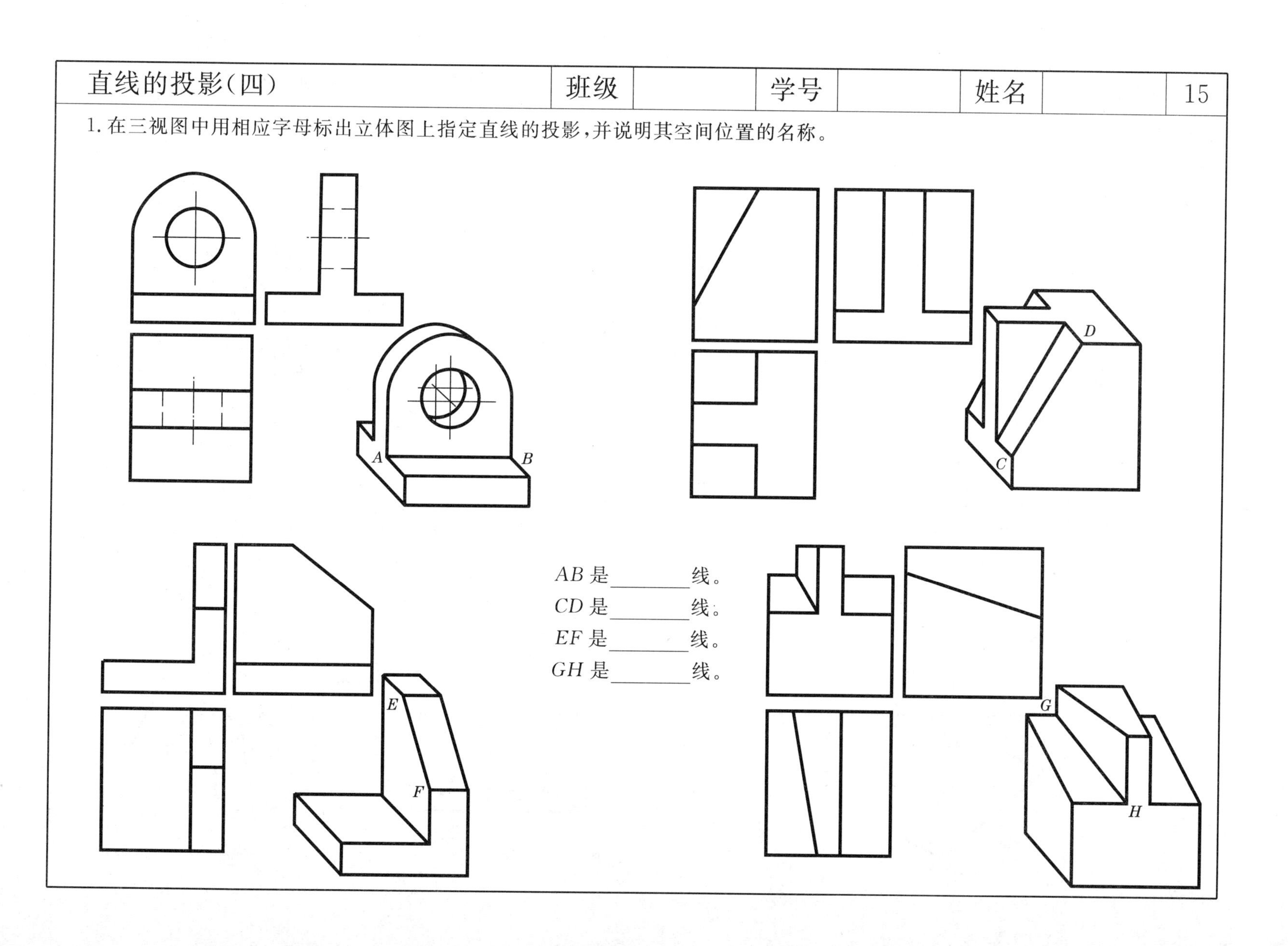

AB 是________线。

CD 是________线。

EF 是________线。

GH 是________线。

1. 完成下列各平面及其上 K 点的三面投影，并判断平面的空间位置。

(1)

△ABC 是______面

(2)

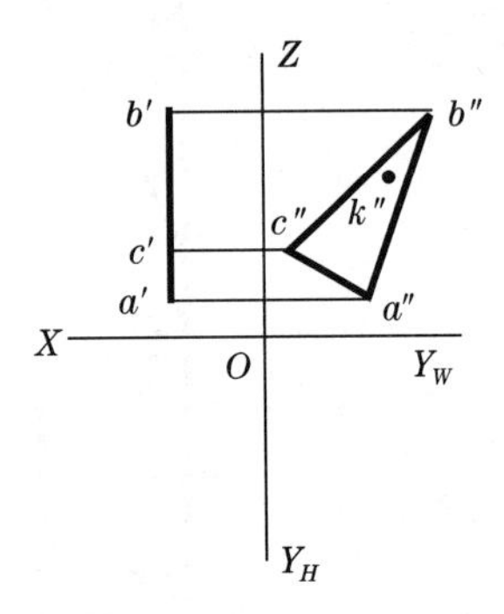

△ABC 是______面

(3)

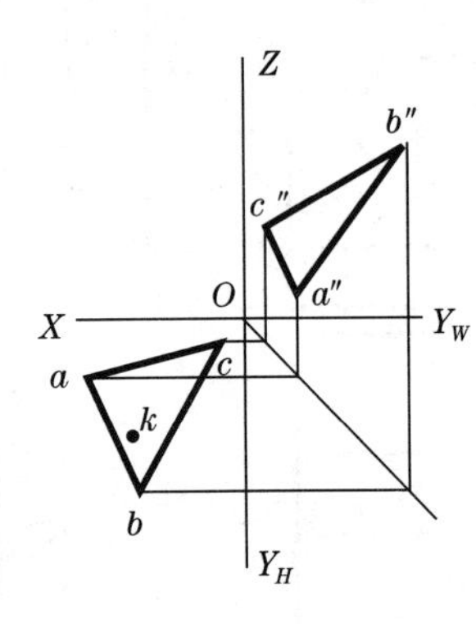

△ABC 是______面

2. 已知 $AB /\!/ DE$，$AF /\!/ BC$，完成平面图形的正面投影。

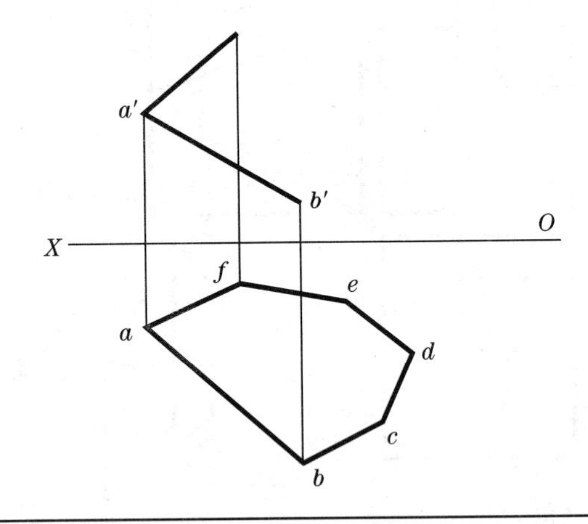

3. 对照立体图，标出平面 A、B、C 的三面投影并完成填空。

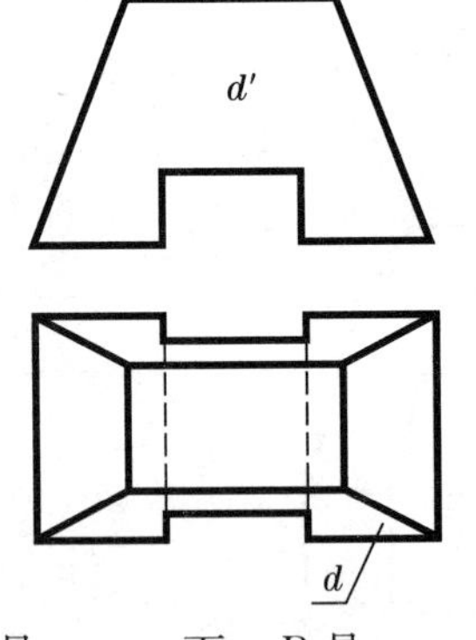

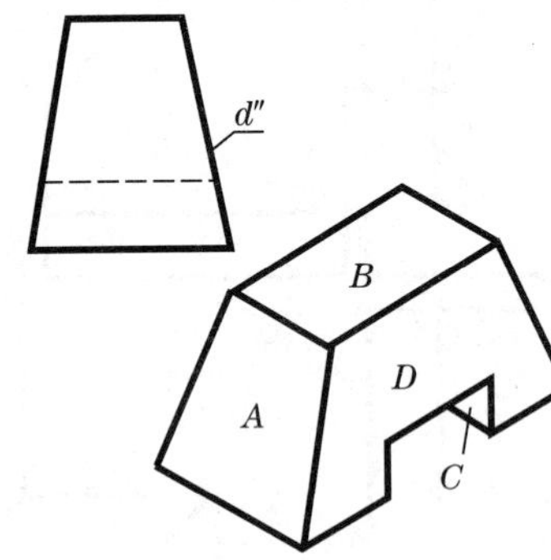

A 是______面　B 是______面　C 是______面　D 是侧垂面

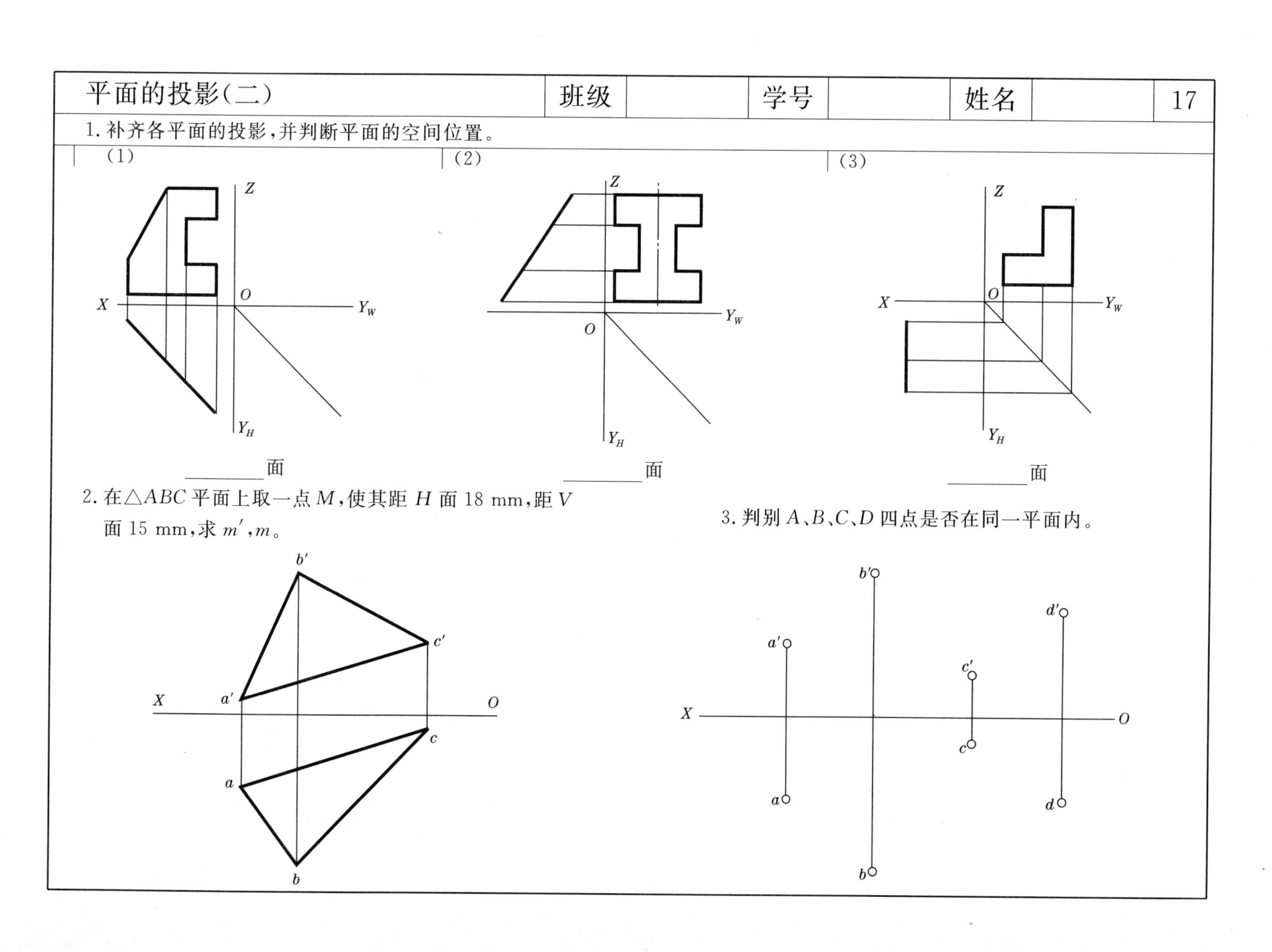

平面的投影(二)	班级		学号		姓名		17

1. 补齐各平面的投影，并判断平面的空间位置。

(1)　______面

(2)　______面

(3)　______面

2. 在△ABC 平面上取一点 M，使其距 H 面 18 mm，距 V 面 15 mm，求 m'，m。

3. 判别 A、B、C、D 四点是否在同一平面内。

平面的投影(三)	班级		学号		姓名		18

1. 已知点 K 在△ABC 平面上，求作△ABC 的正面投影。

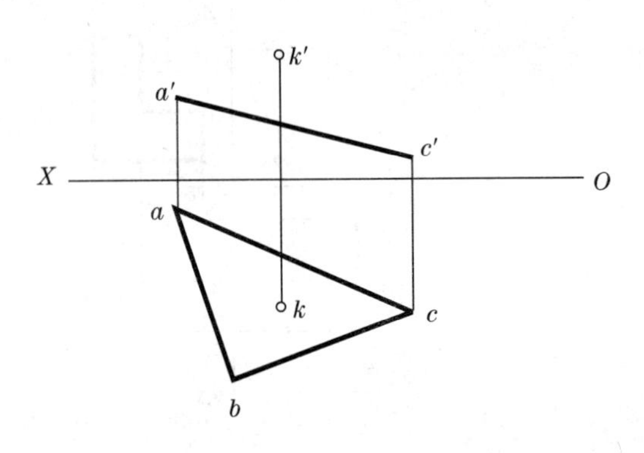

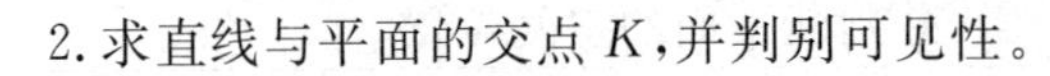

2. 求直线与平面的交点 K，并判别可见性。

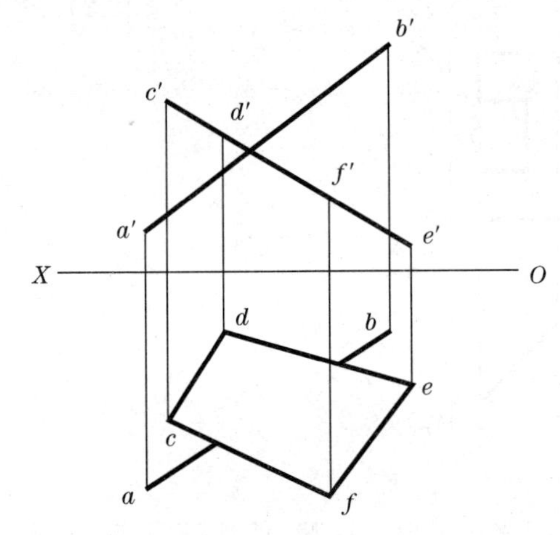

3. 求直线与平面的交点 K，并判别可见性。

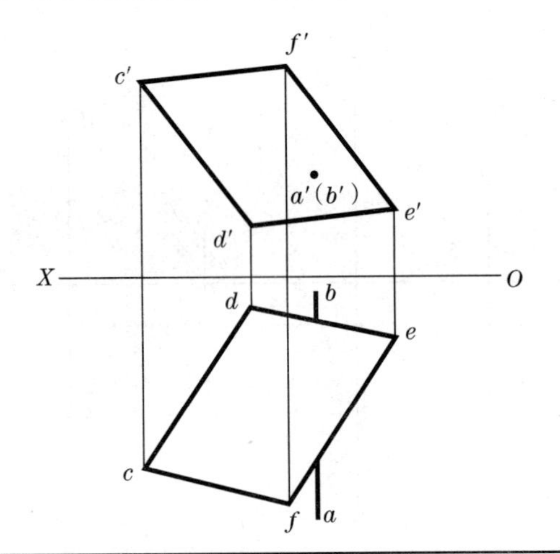

4. 求两平面的交线 MN，并判别可见性。

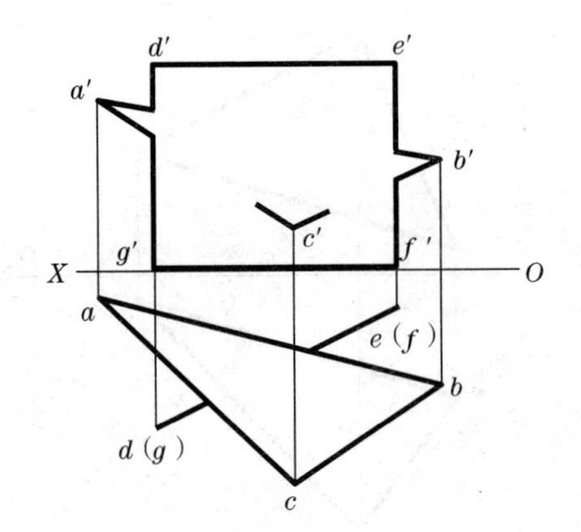

基本体的投影及表面取点(一)	班级		学号		姓名		19

作下面形体的侧面投影，并作出表面上各点的其他投影。

1.

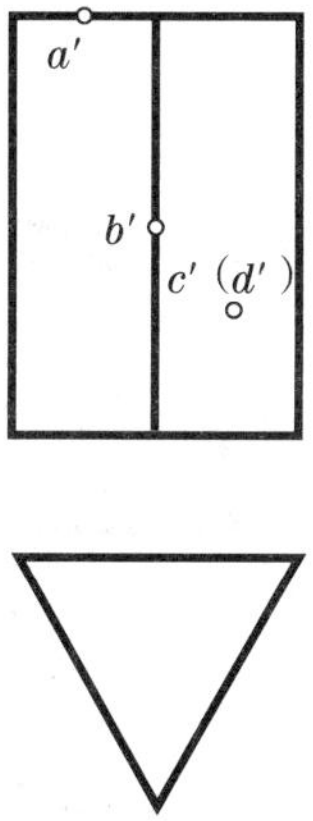

2.

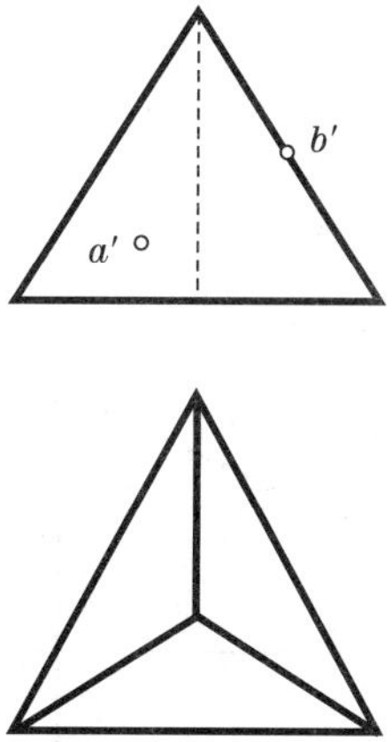

3.

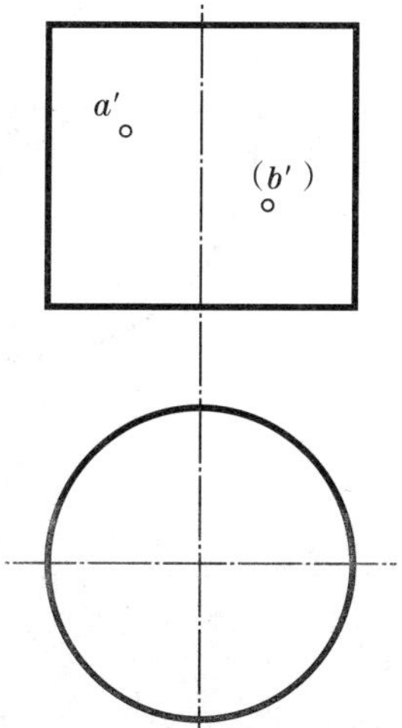

4.

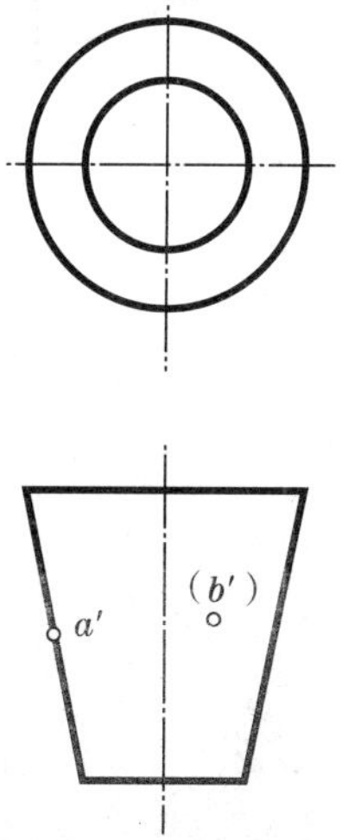

基本体的投影及表面取点(二)	班级		学号		姓名		20

已知形体的两面投影及表面上点的一个投影，在已知视图上补画出另一个投影。

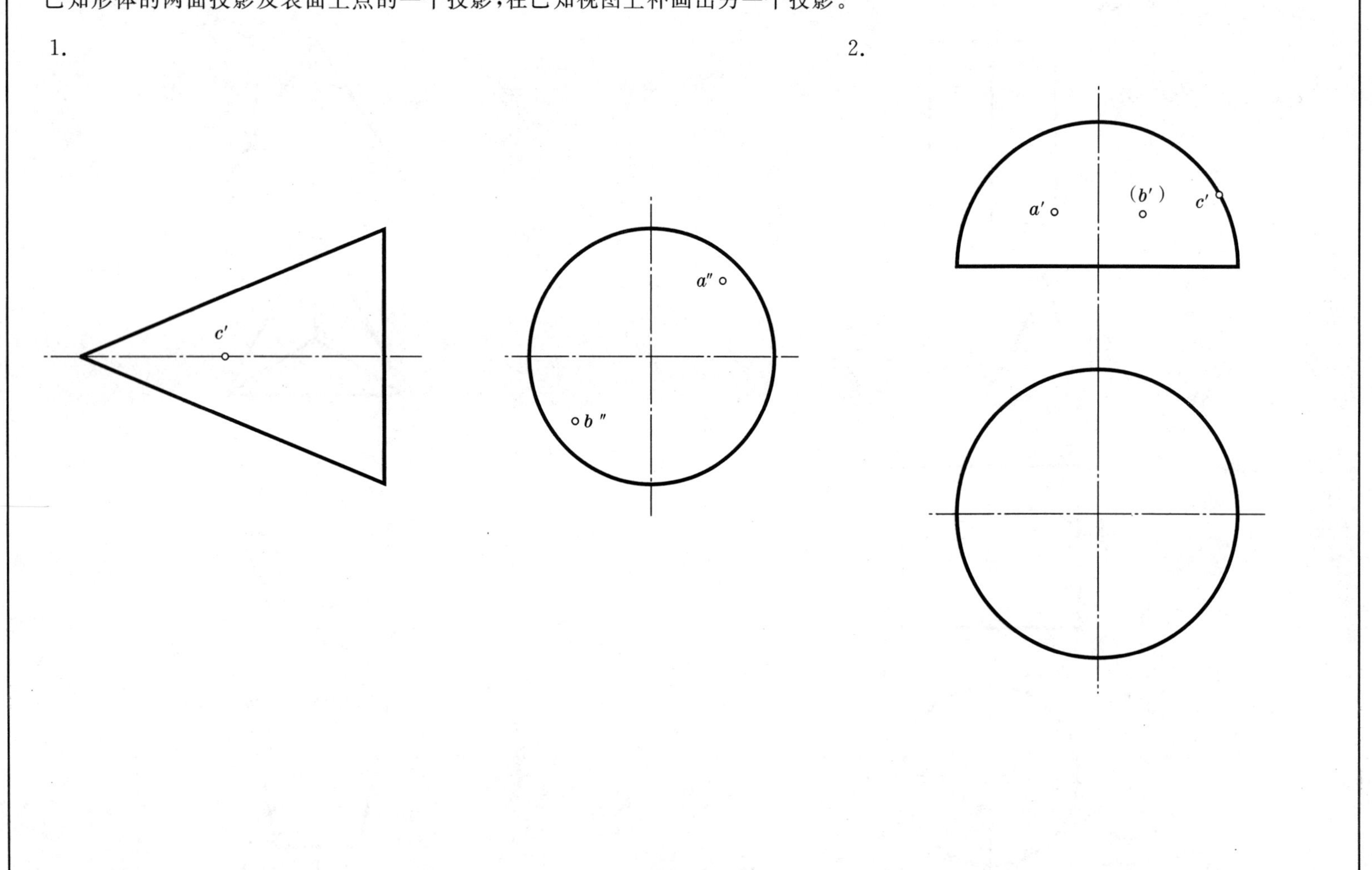

平面与平面立体相交	班级		学号		姓名		21

1.作出正垂面截断五棱柱的侧面投影，并补全水平投影。

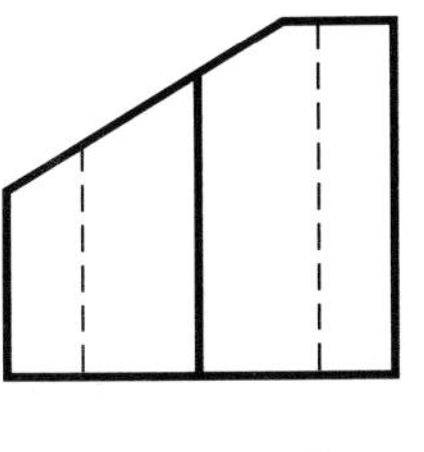

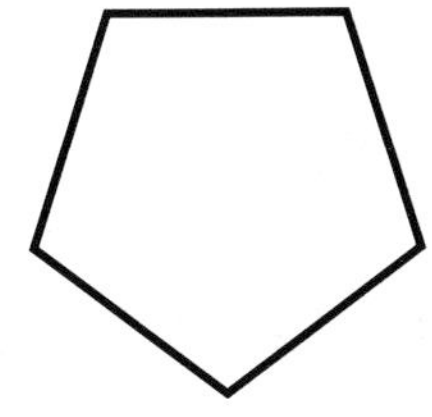

2.作顶部具有侧垂通槽的四棱柱左端被正垂面截断后的水平投影。

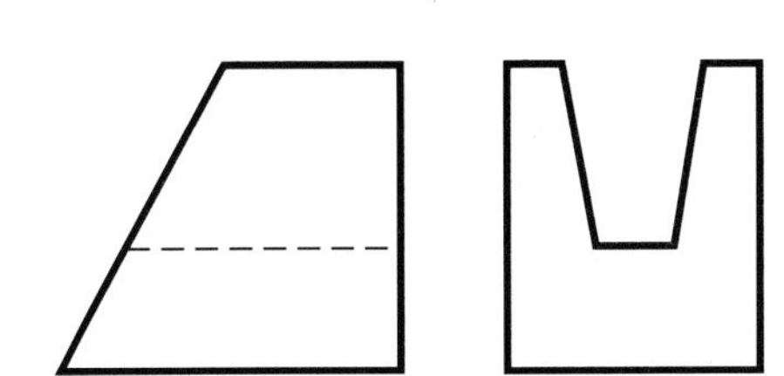

3.完成切口平面立体的水平投影和侧面投影。

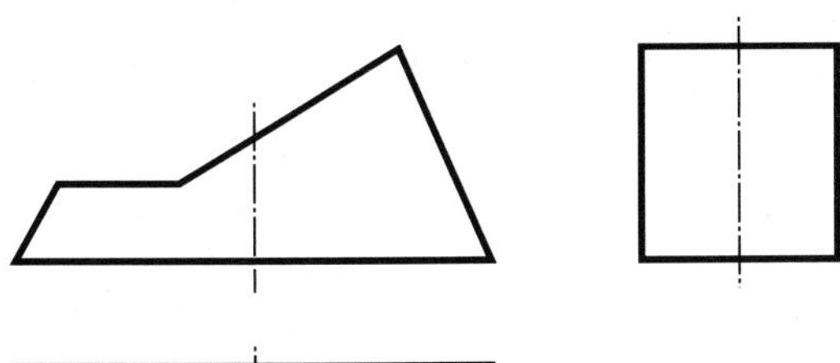

4.补画带方孔的三棱柱的侧面投影。

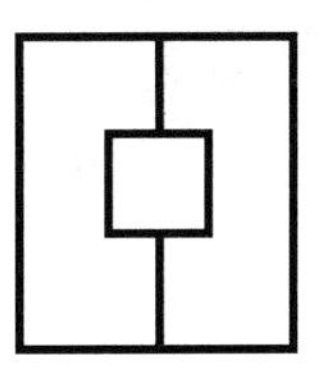

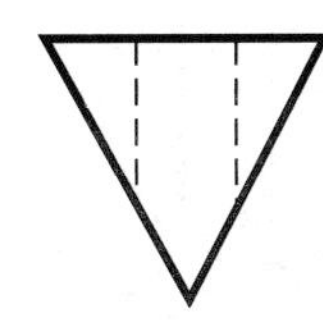

平面与曲面立体相交(一)	班级		学号		姓名		22

分析截交线，完成下面各截切体的三面投影。

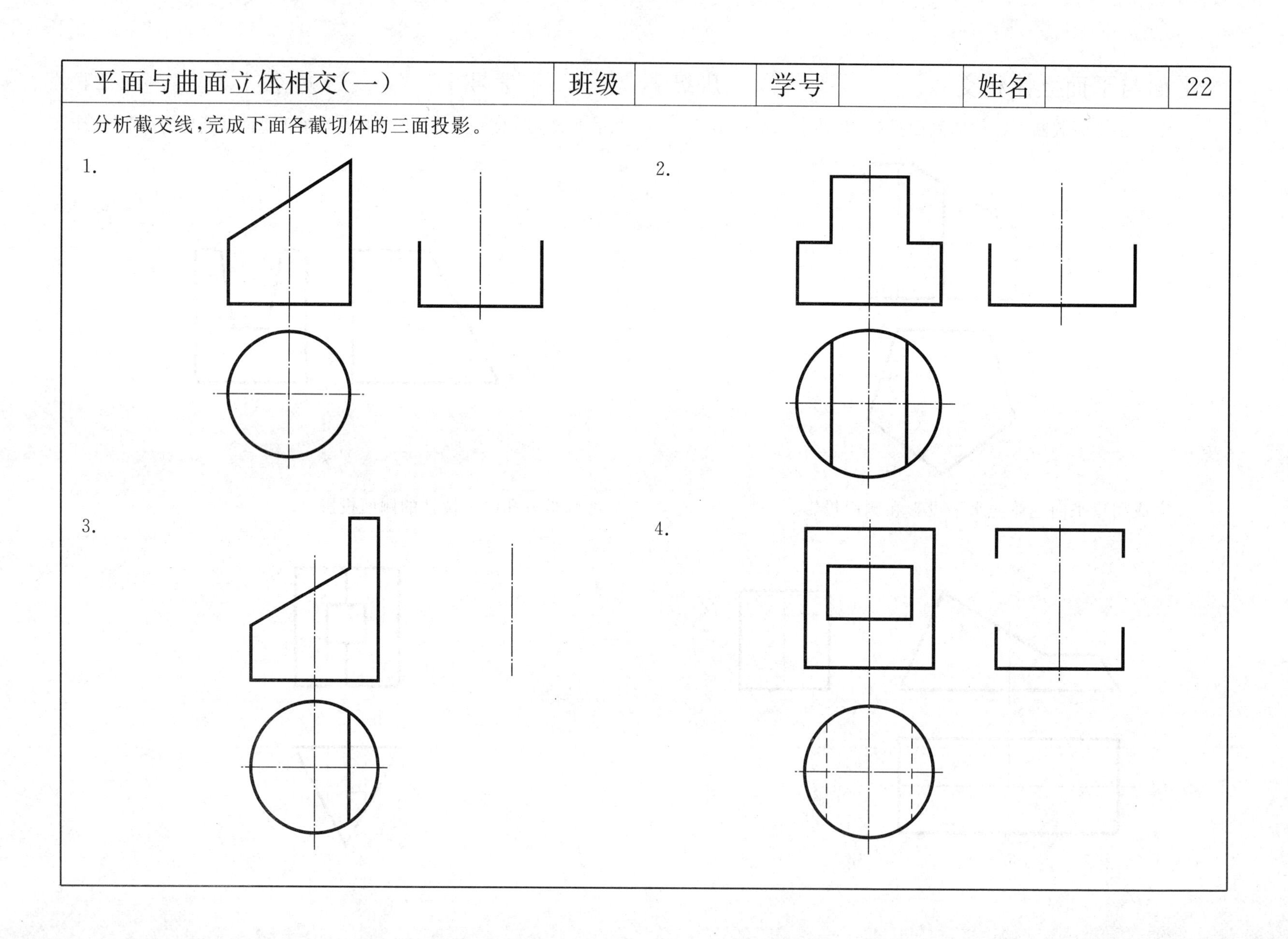

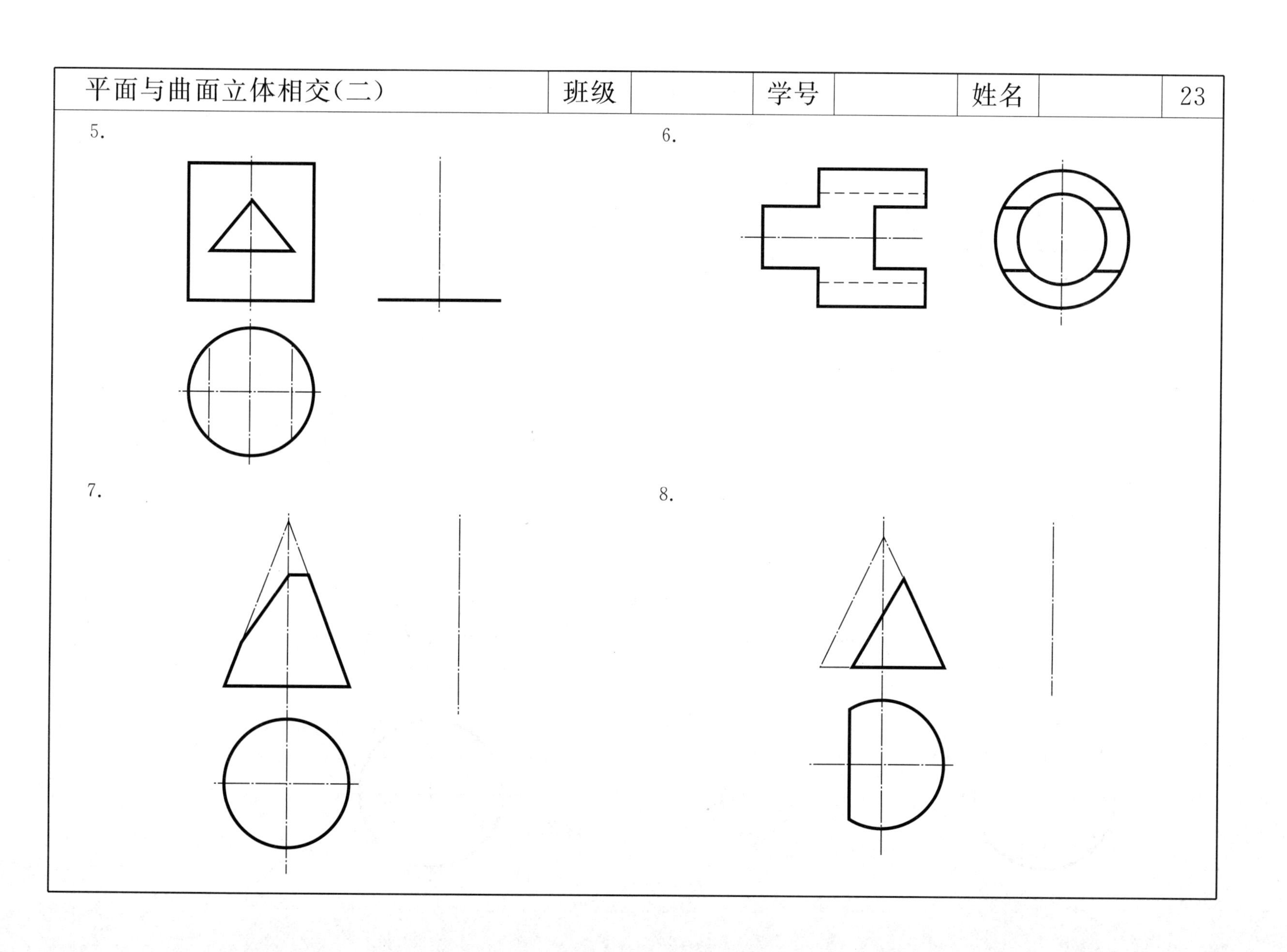
平面与曲面立体相交(二)
班级
学号
姓名
23
5.
6.
7.
8.

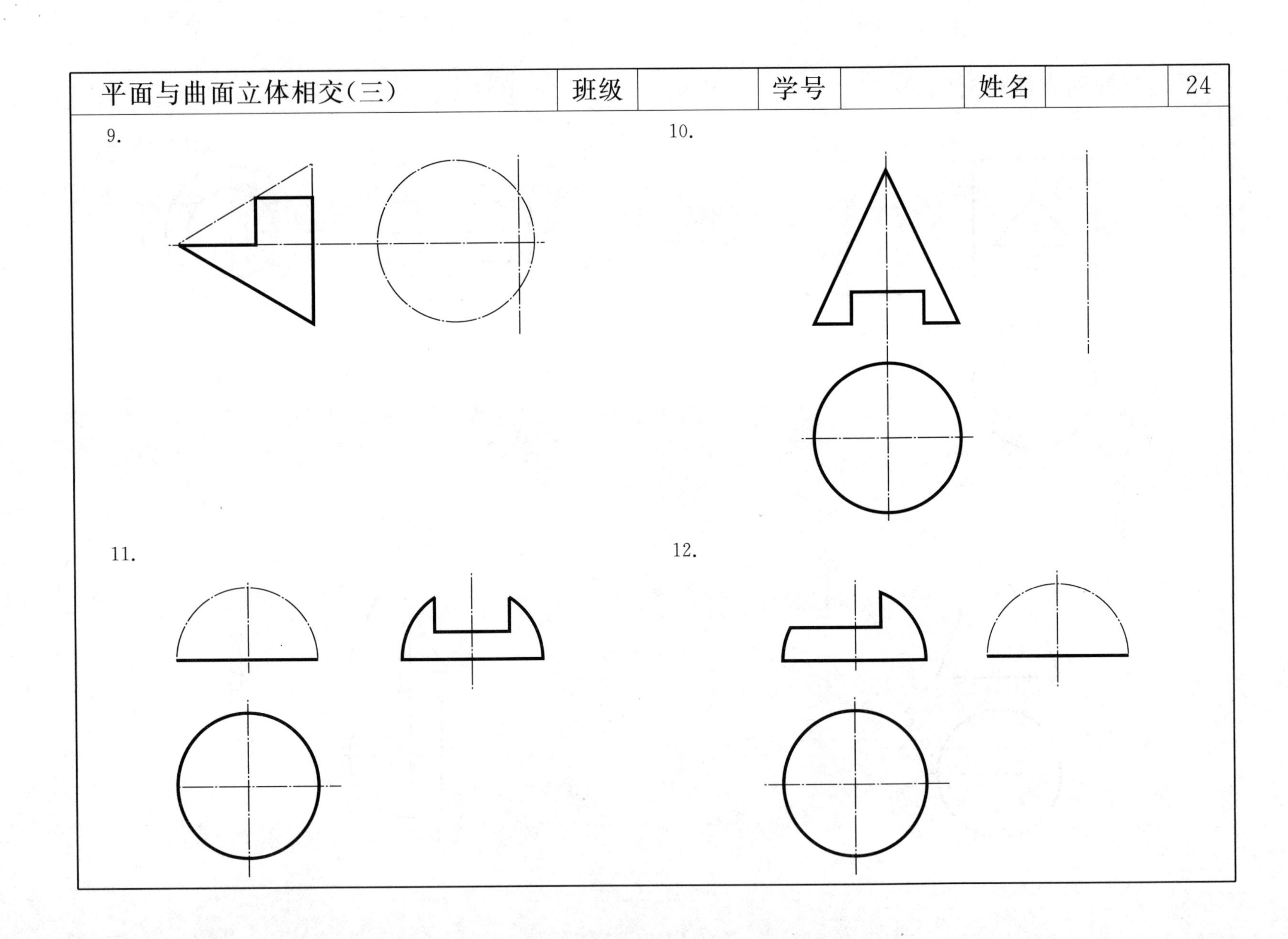
9.
10.
11.
12.

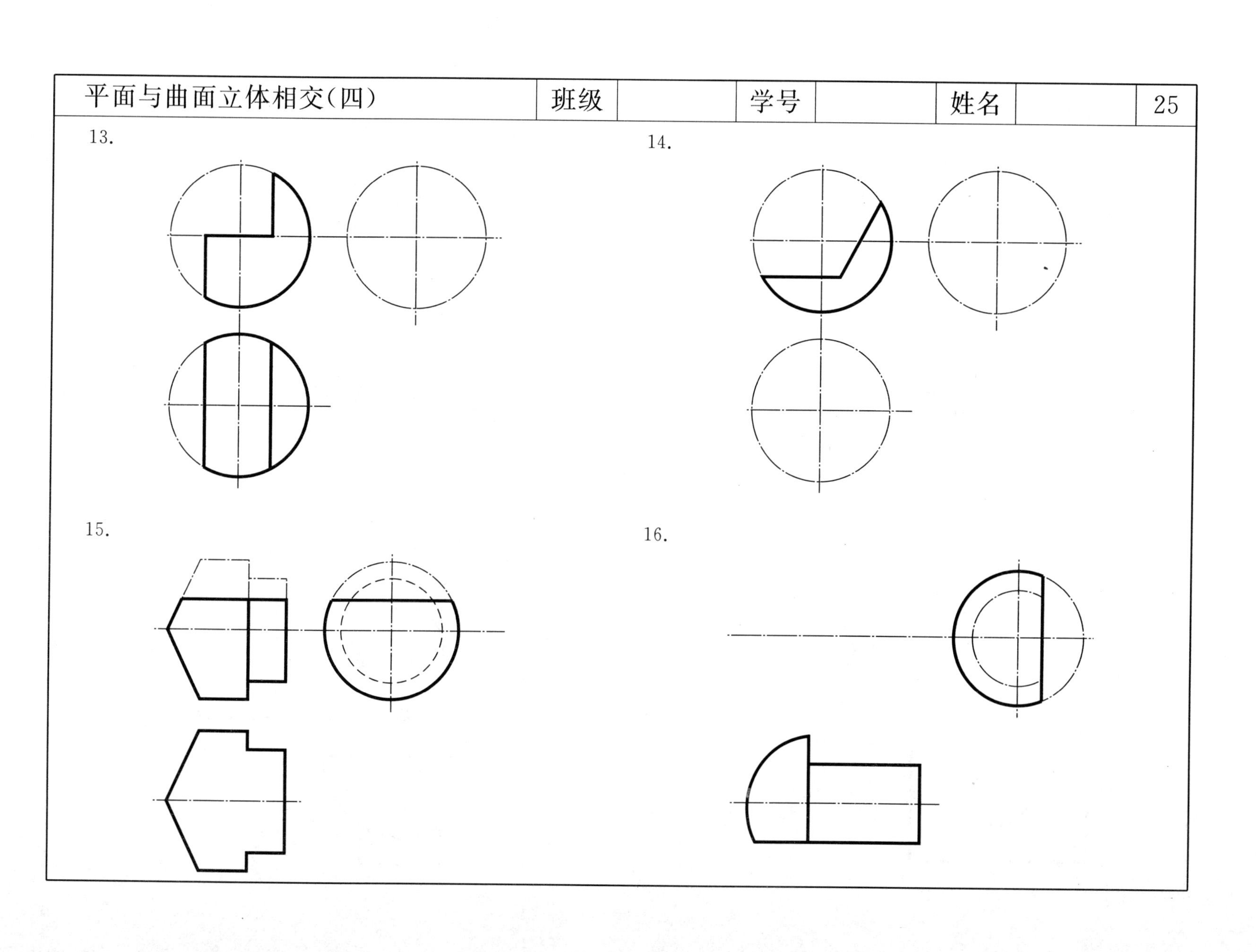
平面与曲面立体相交(四)
班级
学号
姓名
25
13.
14.
15.
16.

1.补画第三视图。

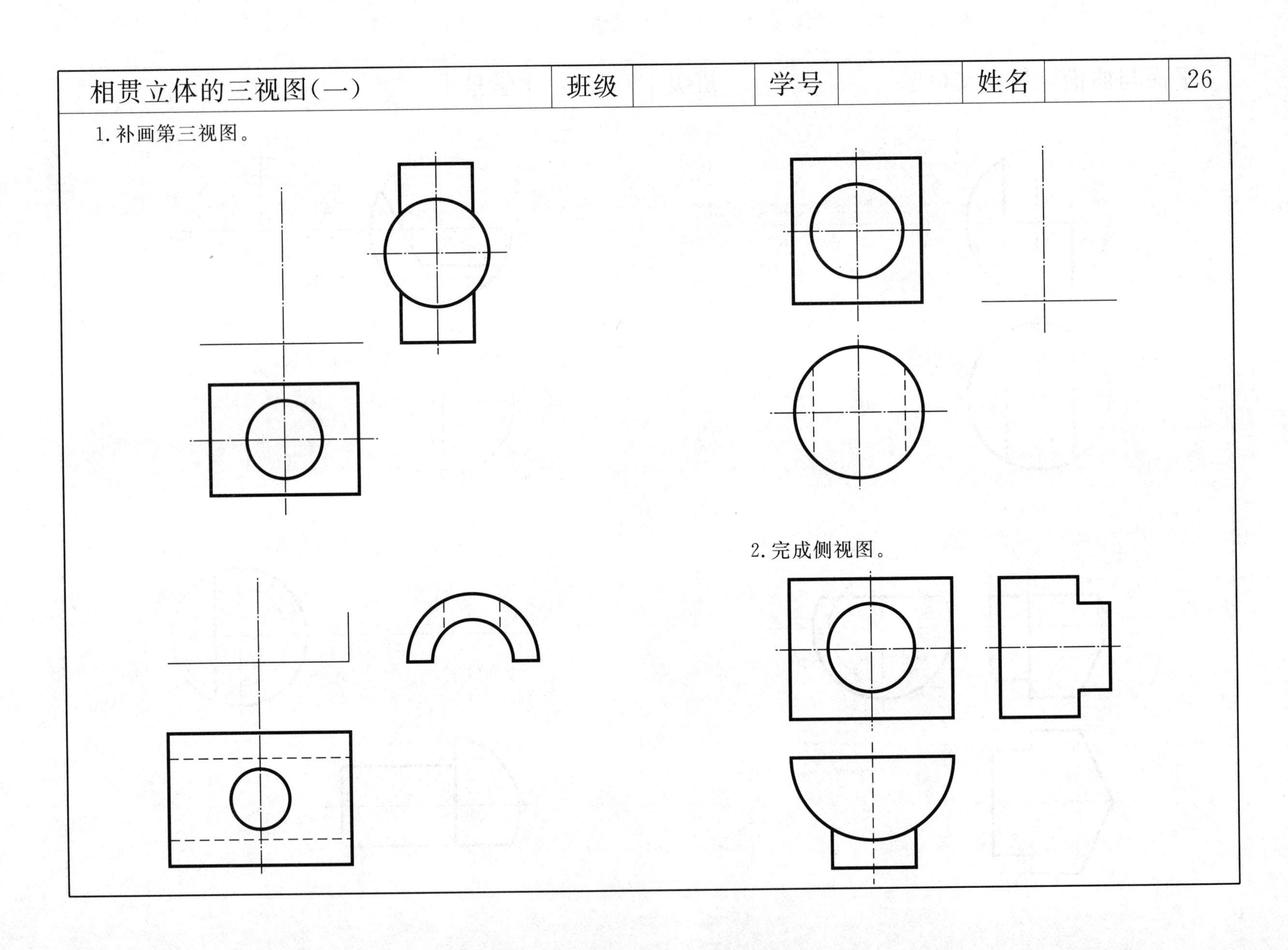

2.完成侧视图。

3.补全主视图。

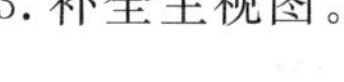

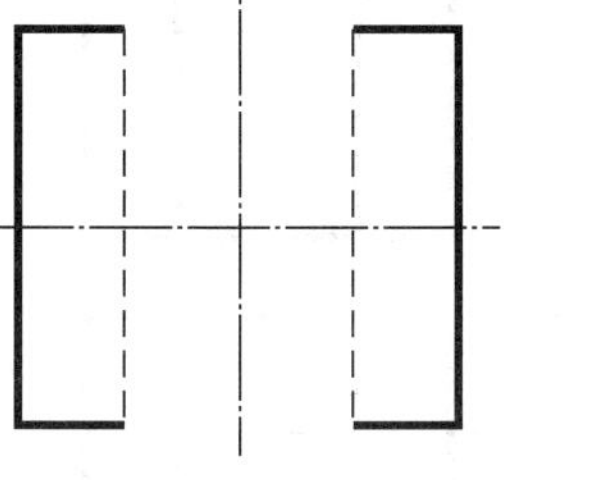

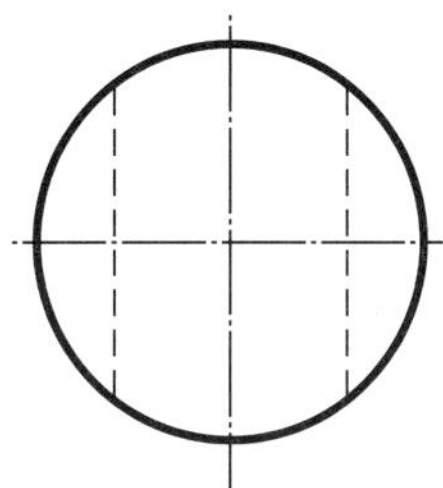

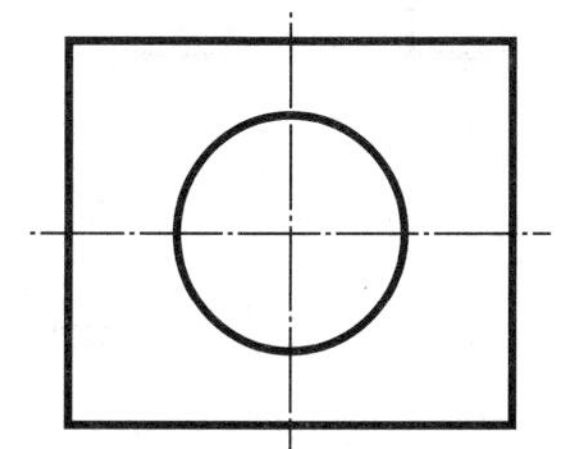

4.完成相贯体的三视图。

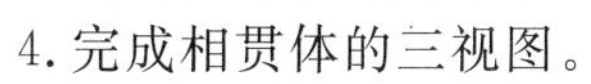

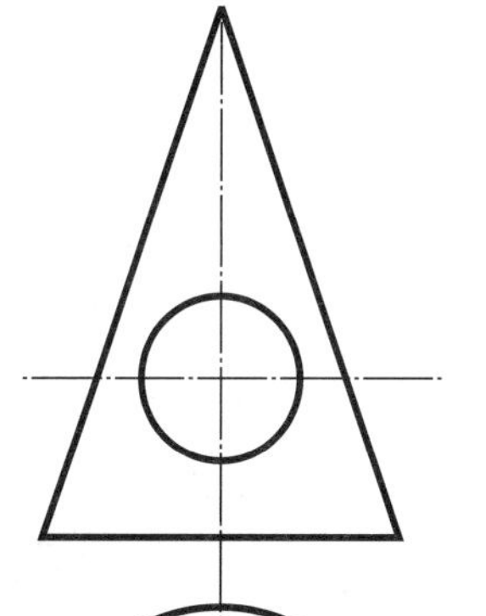

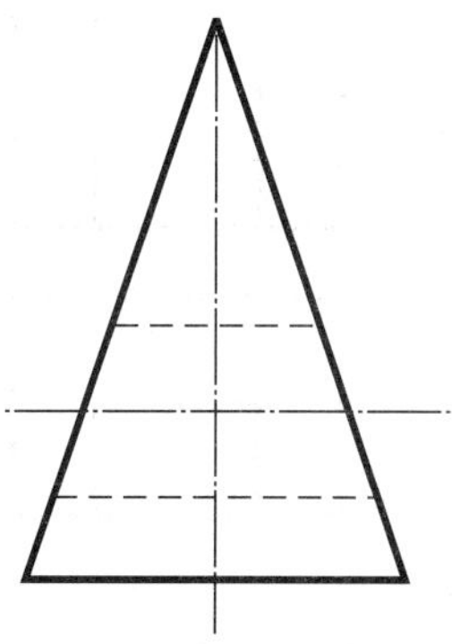

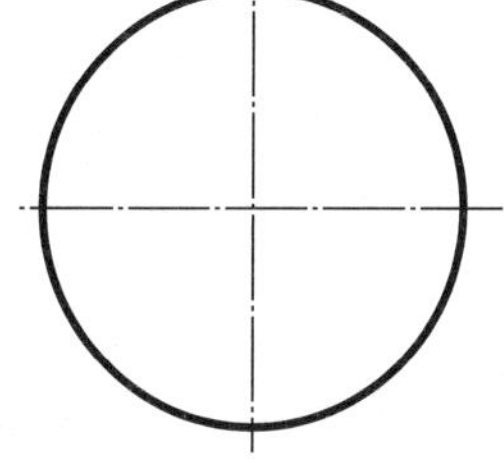

根据投影图找出相应立体图(一)	班级		学号		姓名		28

1.

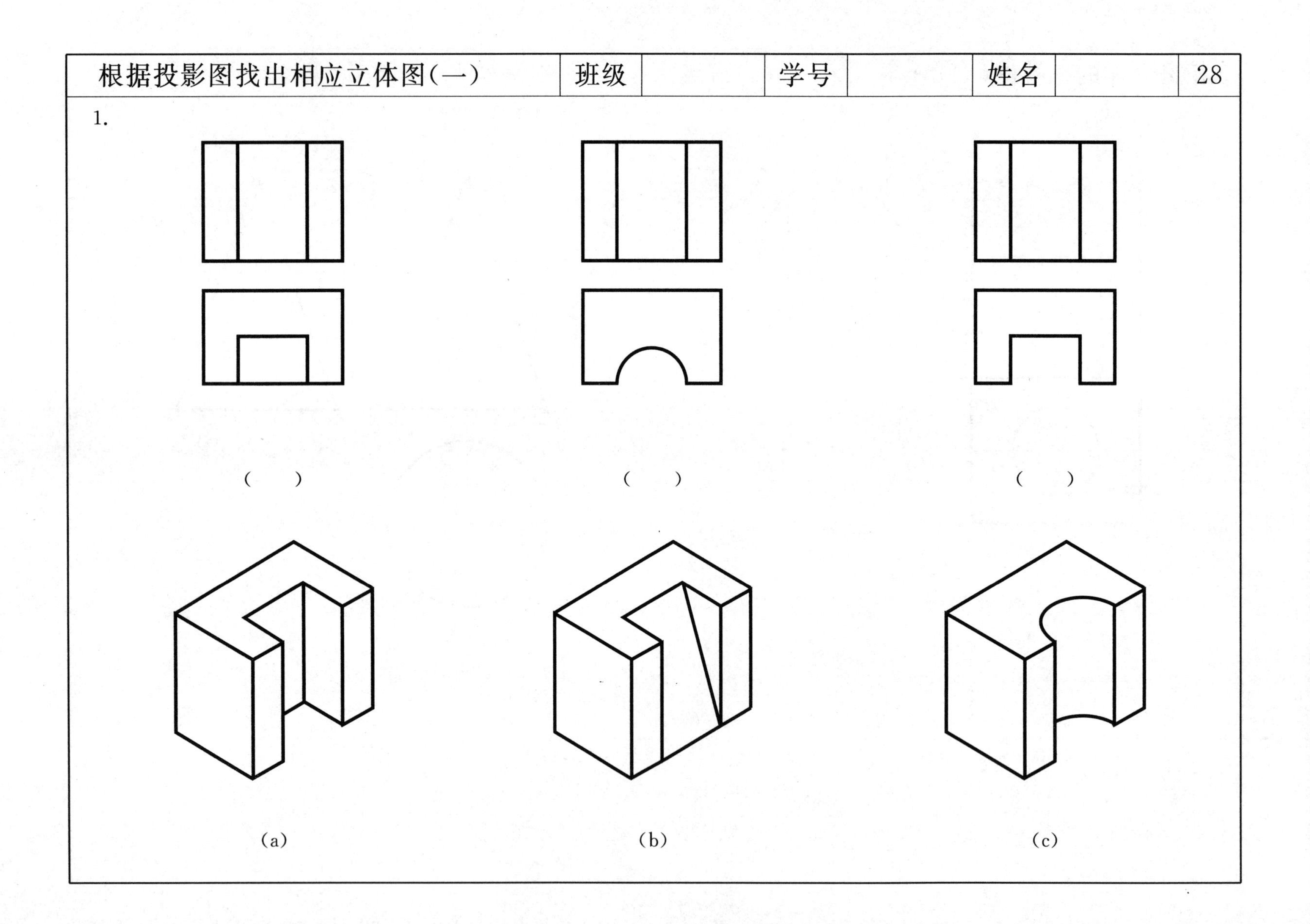

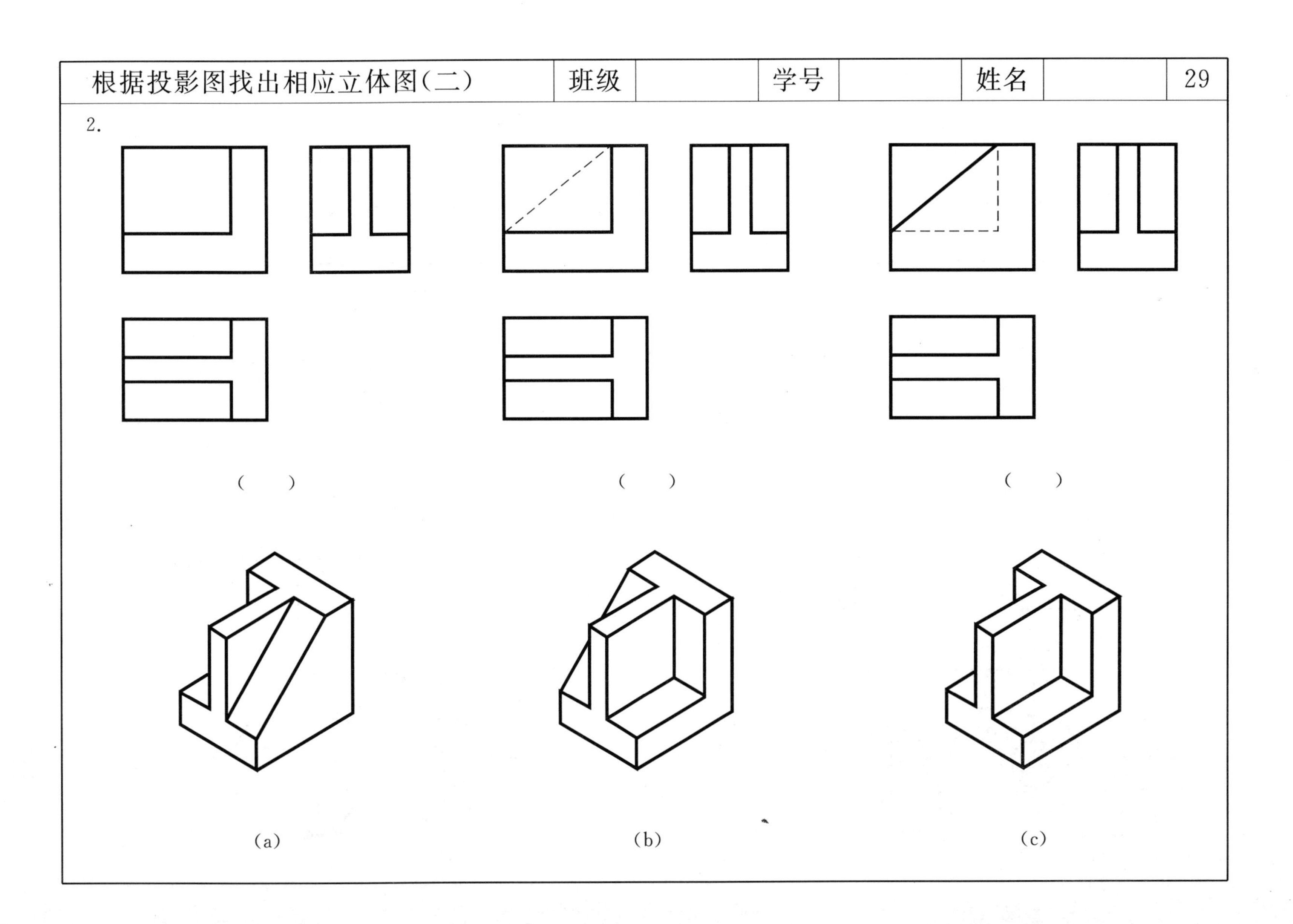
根据投影图找出相应立体图(二)
班级
学号
姓名
29
2.
(　　)
(　　)
(　　)
(a)
(b)
(c)

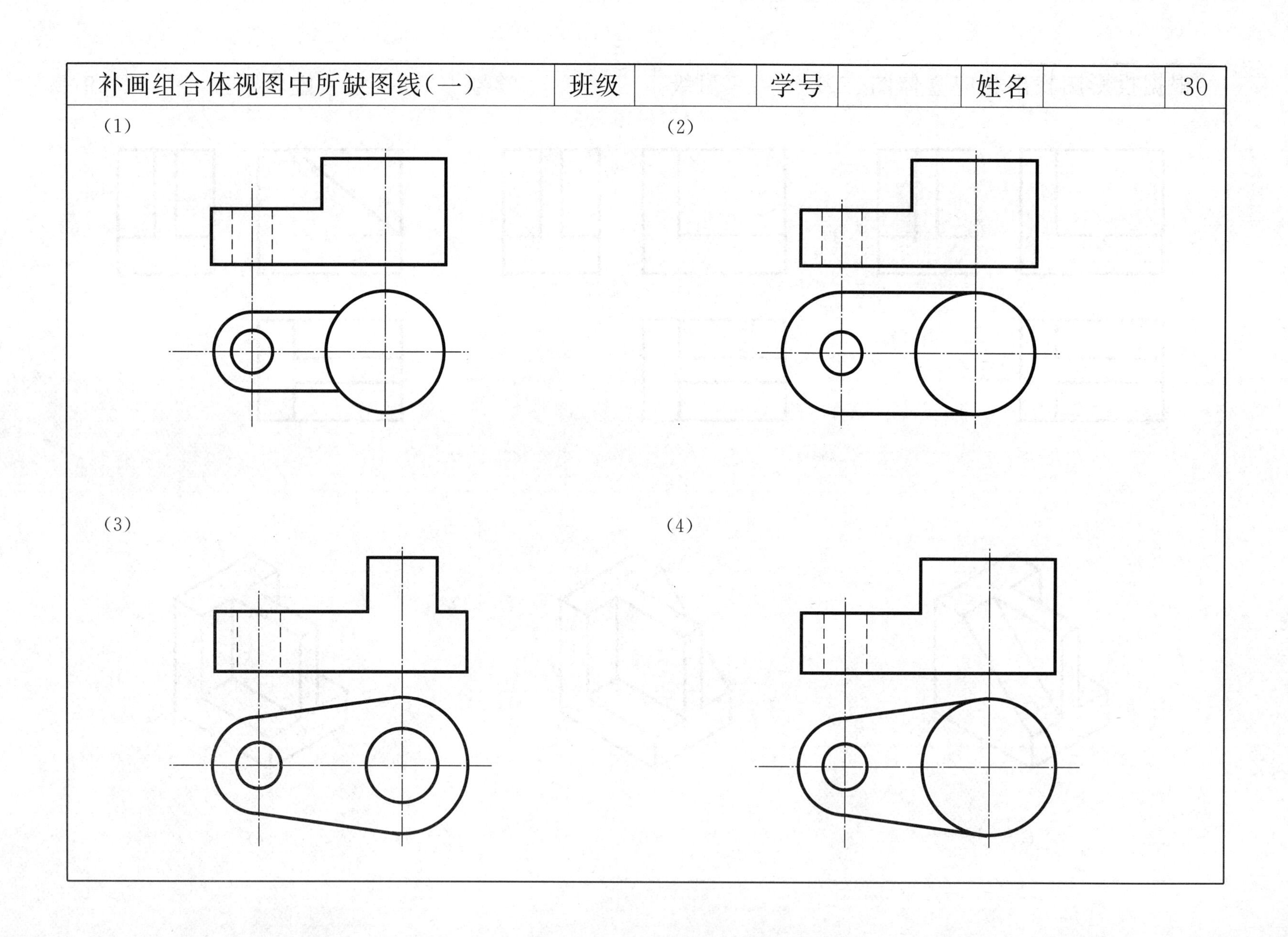
补画组合体视图中所缺图线(一)
班级
学号
姓名
30
(1)
(2)
(3)
(4)

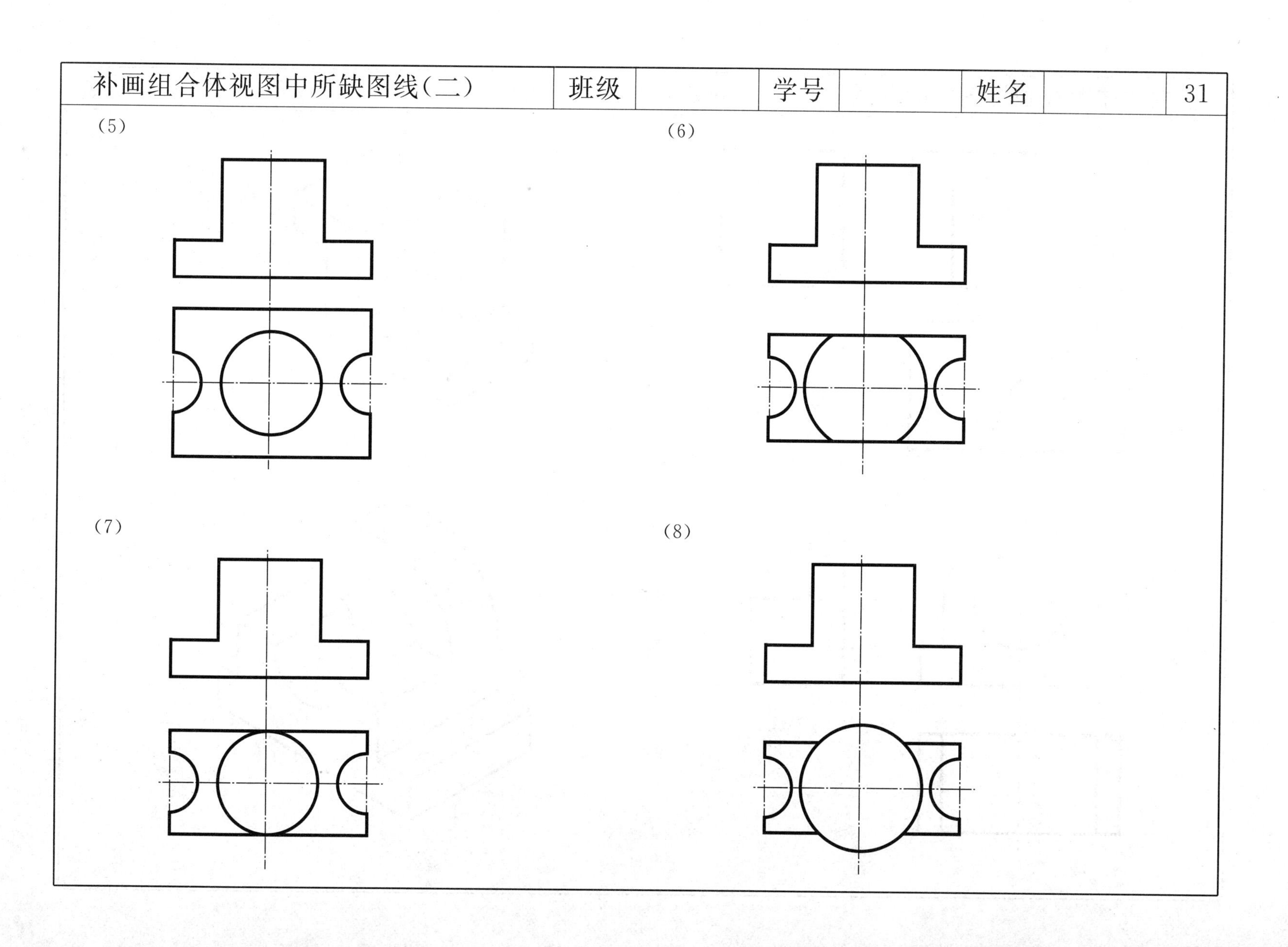
补画组合体视图中所缺图线(二)
班级
学号
姓名
31
(5)
(6)
(7)
(8)

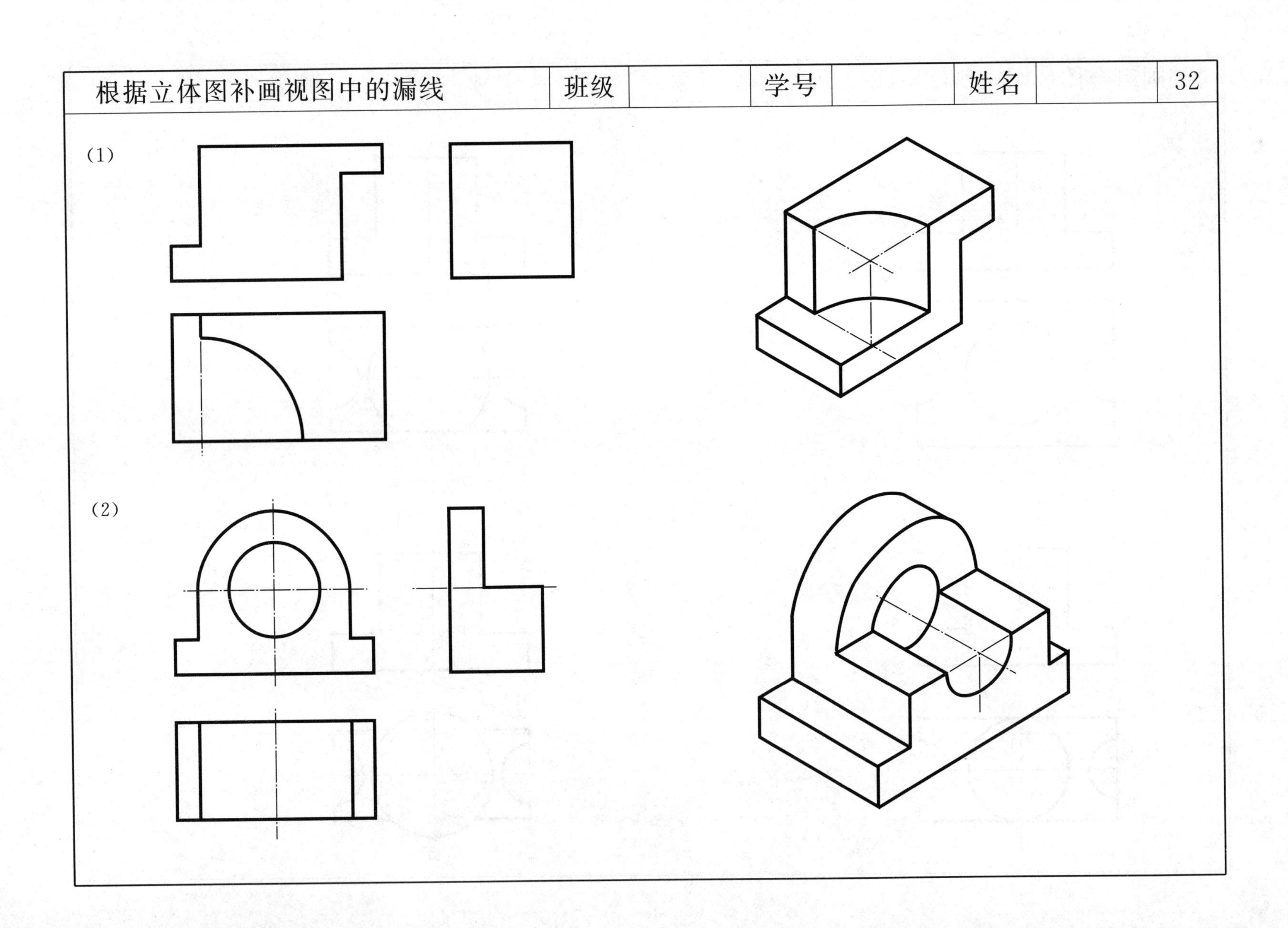
根据立体图补画视图中的漏线
班级
学号
姓名
32
(1)
(2)

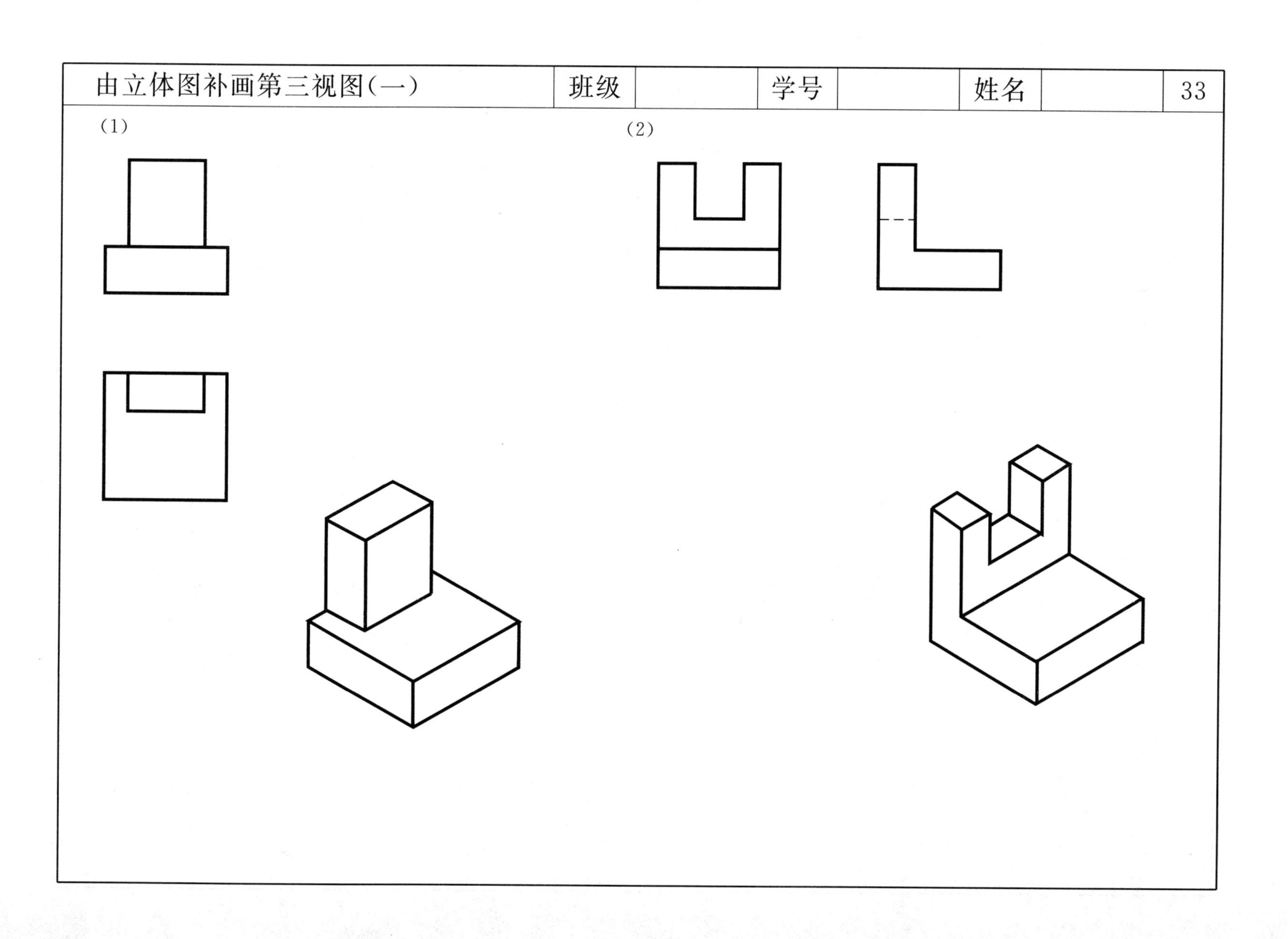

(1)
(2)

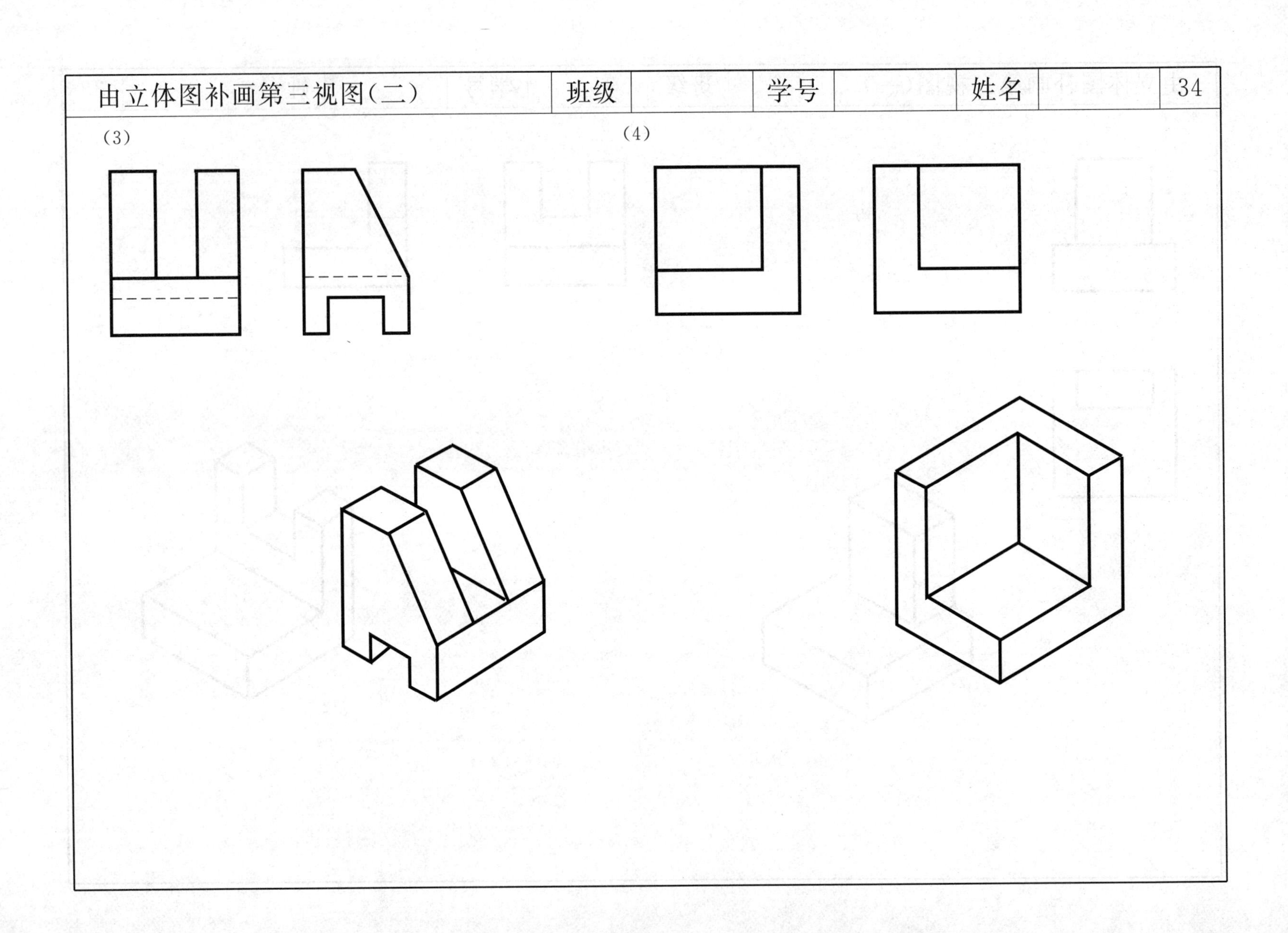
由立体图补画第三视图(二)
班级
学号
姓名
34
(3)
(4)

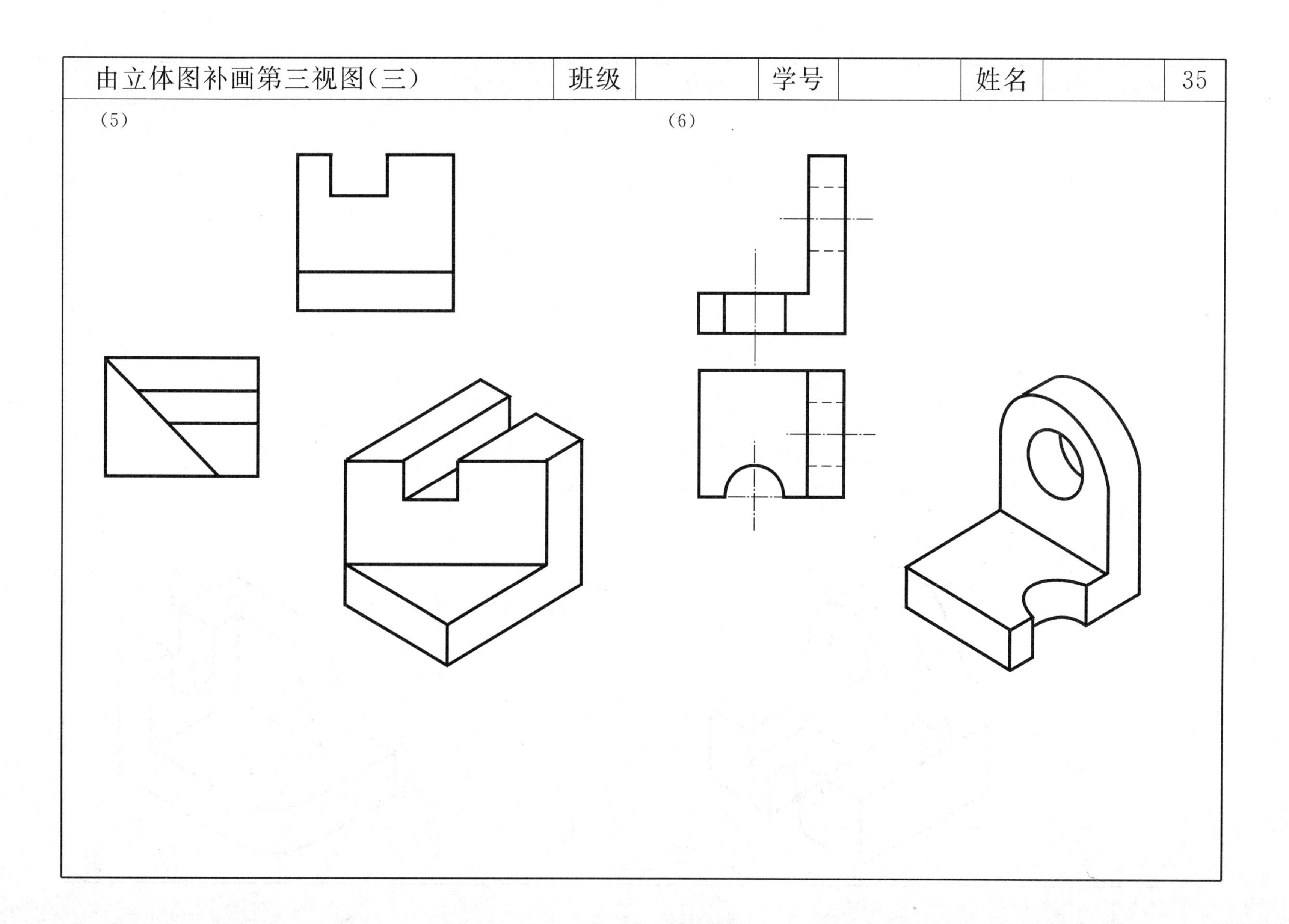
(5)
(6)

根据直观图画三视图(一)	班级		学号		姓名		36

(1)

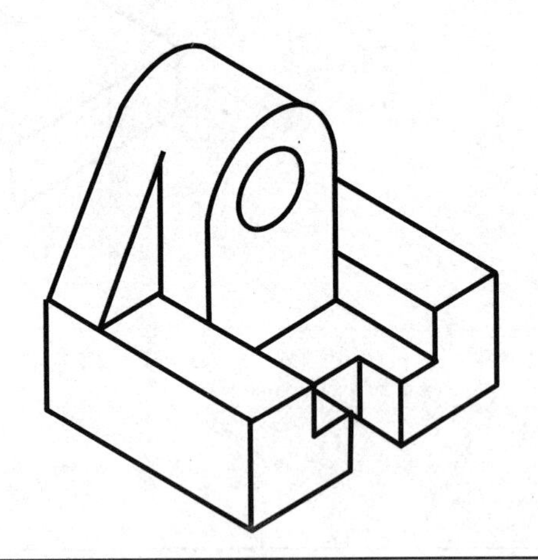

(2)

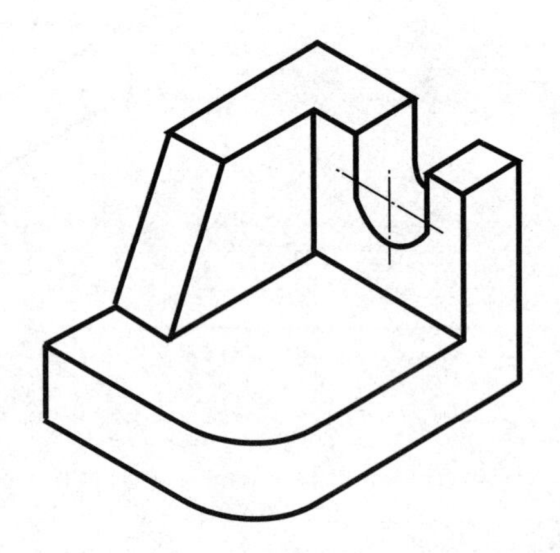

根据直观图画三视图(二)	班级		学号		姓名		37

(3)

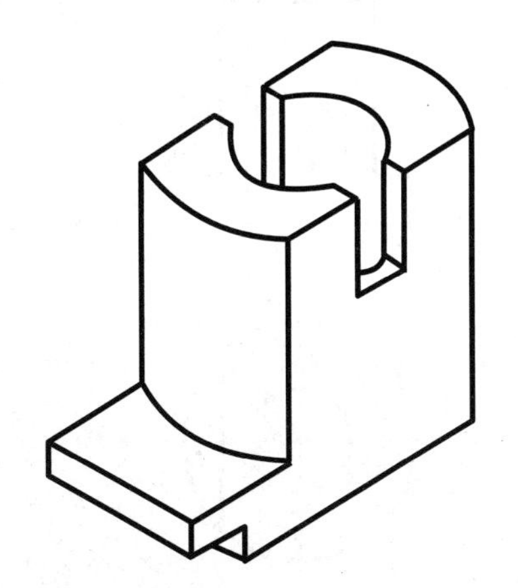

(4)

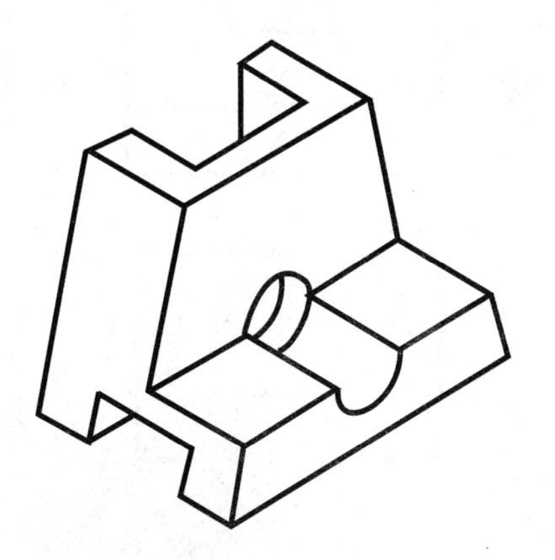

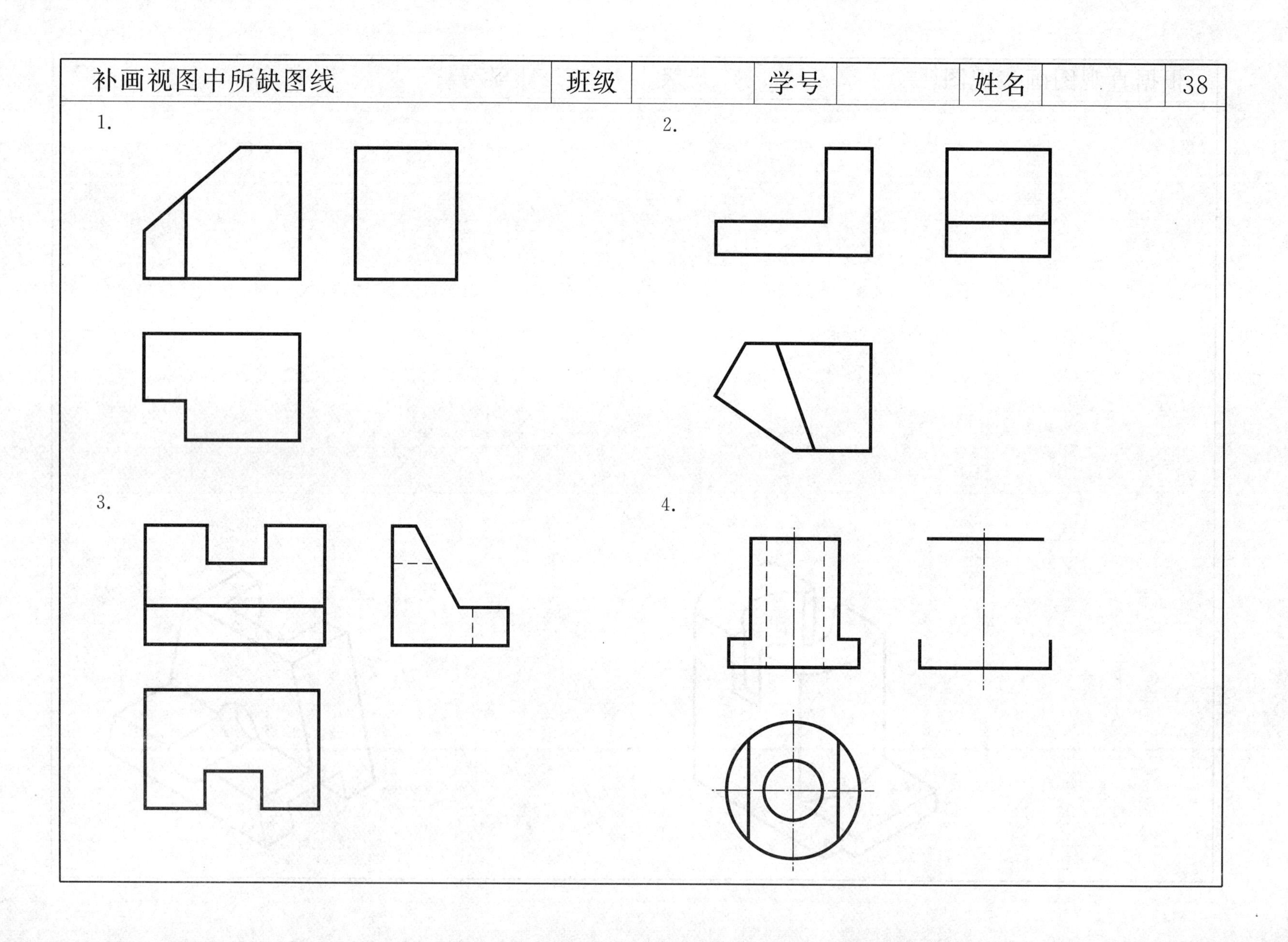
补画视图中所缺图线
班级
学号
姓名
38
1.
2.
3.
4.

读懂两个视图后,补画三视图(一)	班级		学号		姓名		39

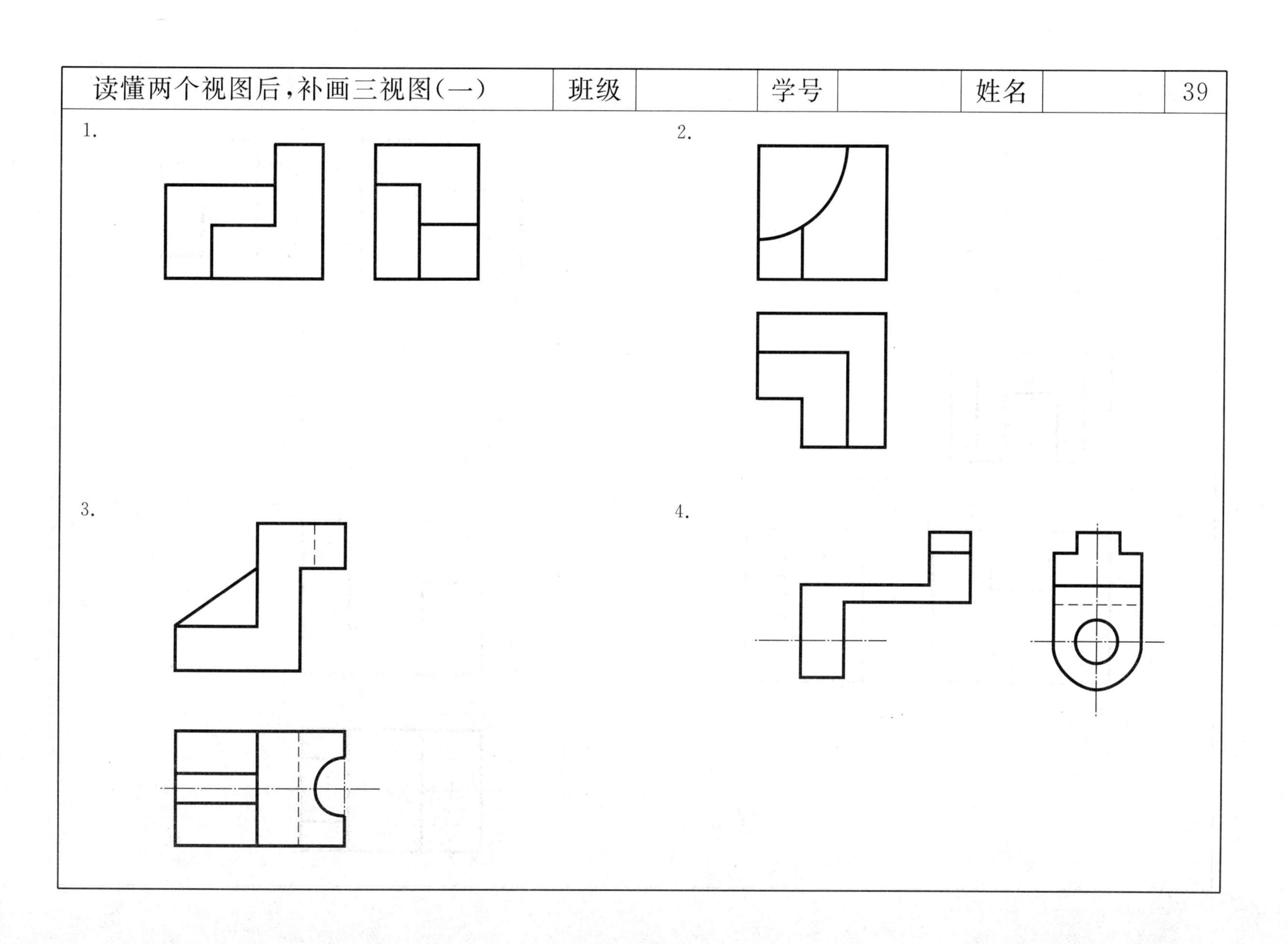

读懂两个视图后，补画三视图(二)	班级		学号		姓名		

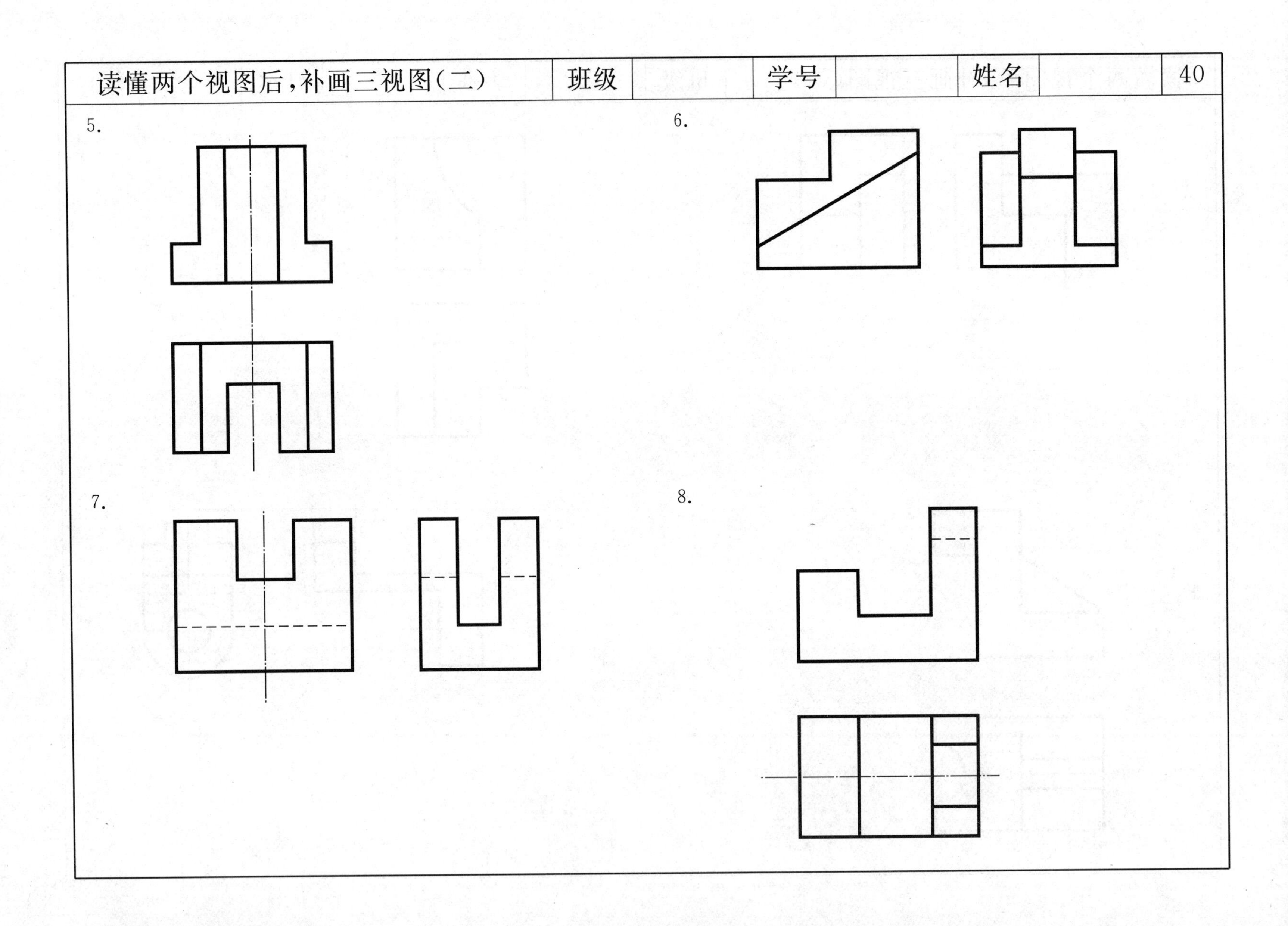

标注尺寸	班级		学号		姓名		41

尺寸数值从图中按 1∶1 量出，取整数。

1.

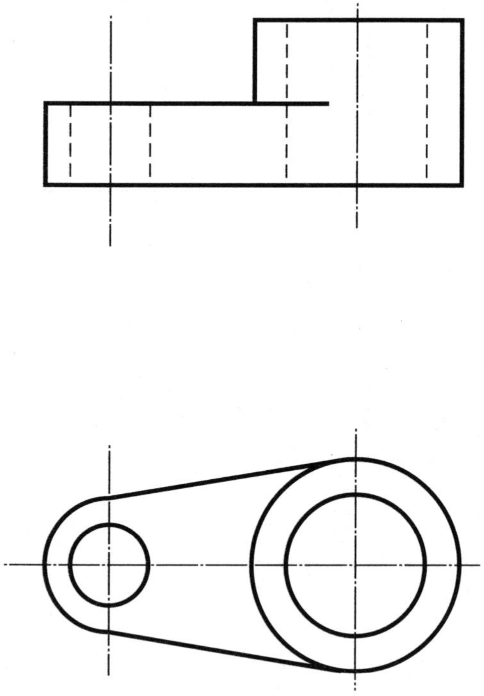

2.

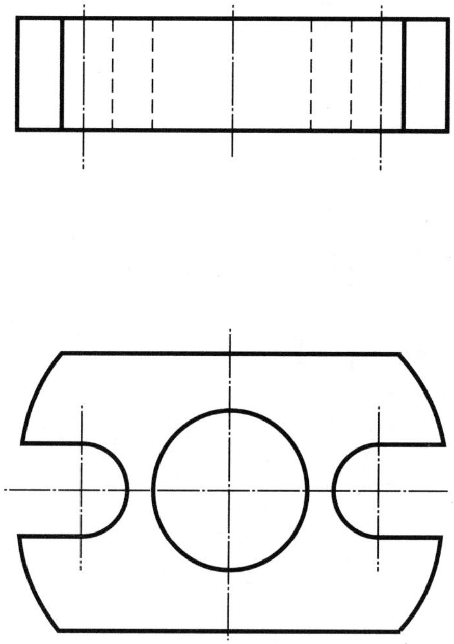

轴测图(一)	班级		学号		姓名		42

由已知试图,作正等轴测图。

1.

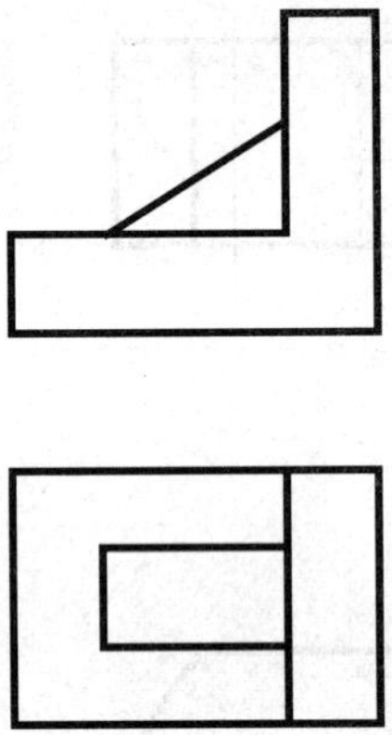

2.

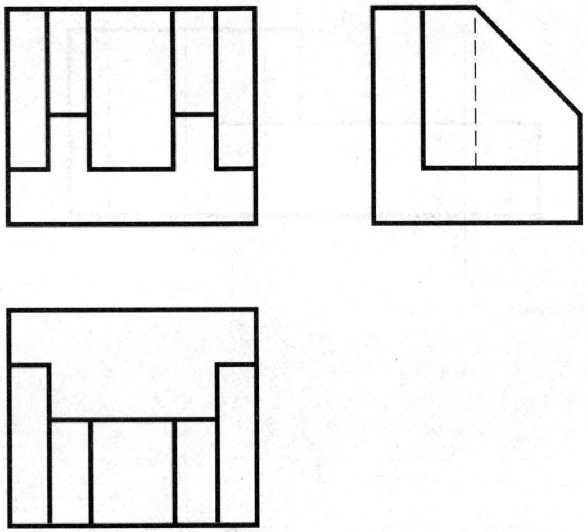

3.

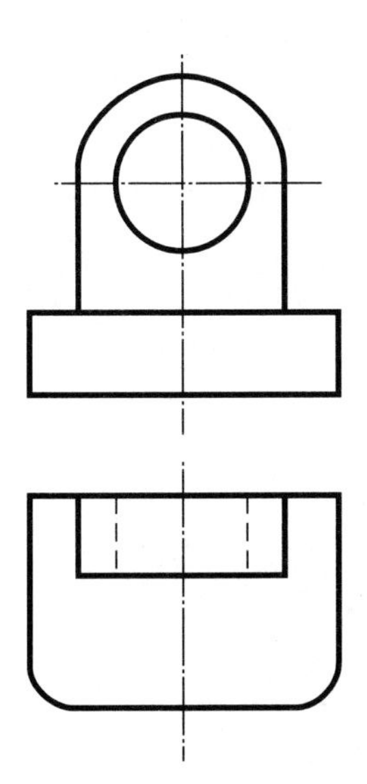

4.

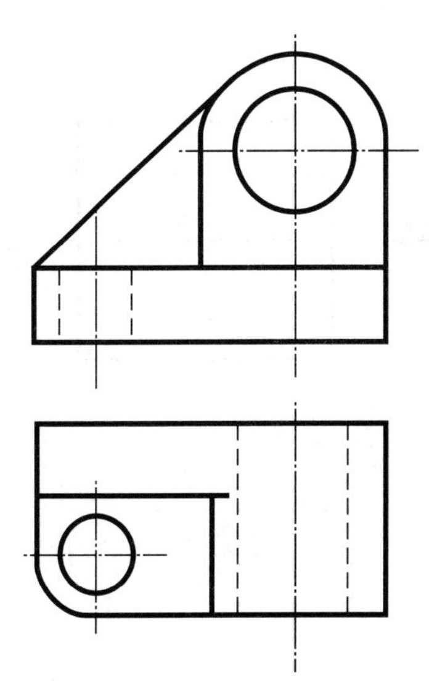

轴测图(三)	班级		学号		姓名		44

画出下列物体的斜二轴测图。

1.

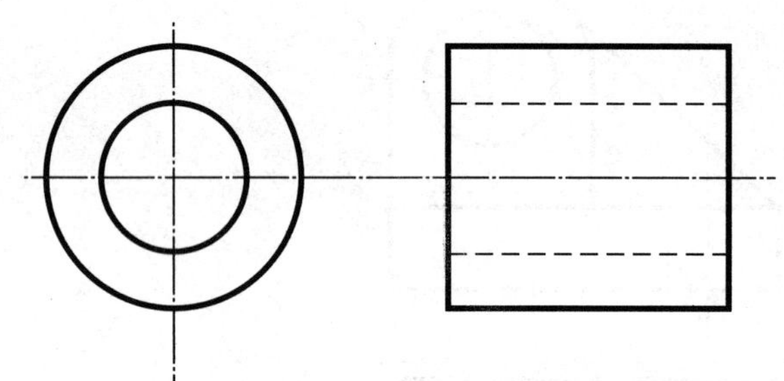

2.

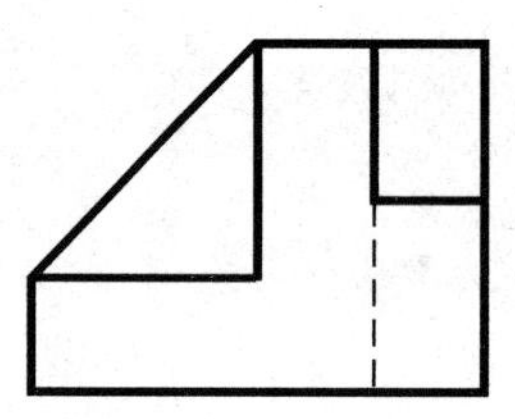

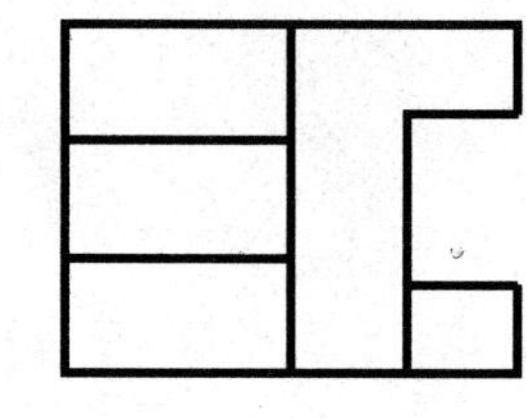

根据给出的三视图,补画后、仰、右三个视图。

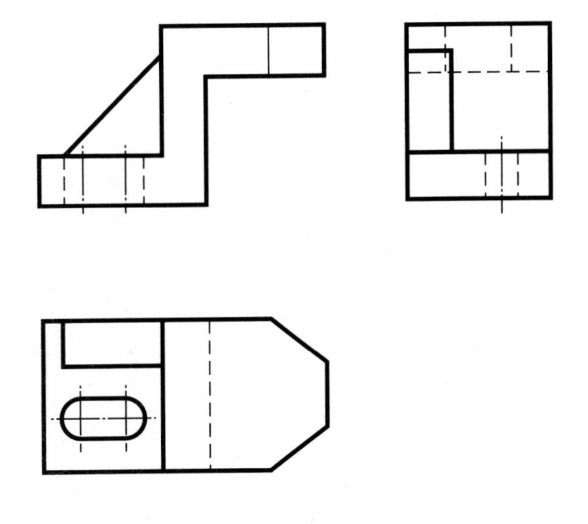

视图(二)	班级		学号		姓名		46

根据立体图，补画局部视图 A 与斜视图 B。

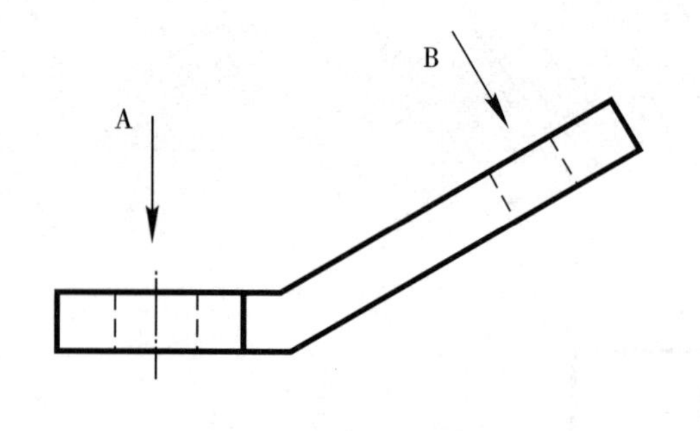

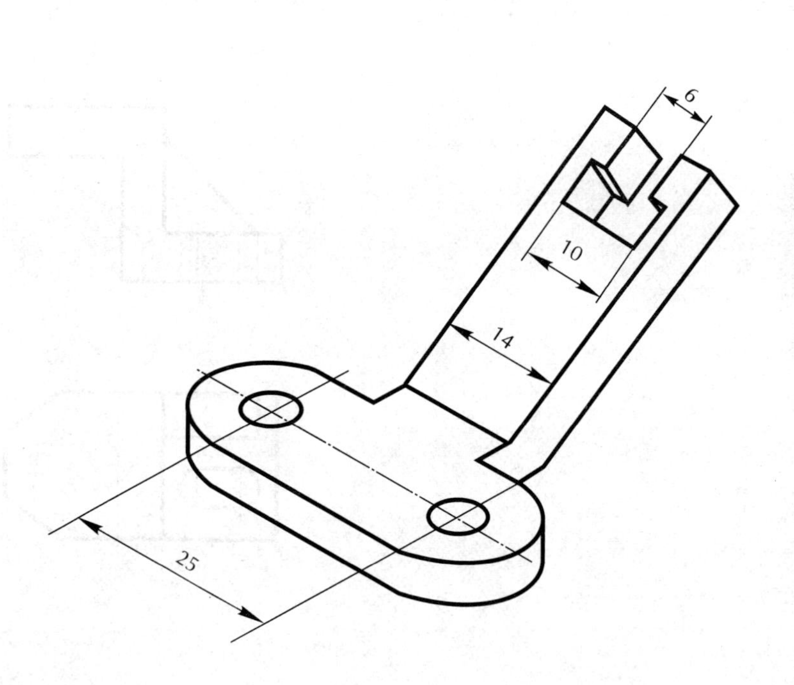

视图(三)	班级		学号		姓名		47

根据给出的视图,补画旋转俯视图。

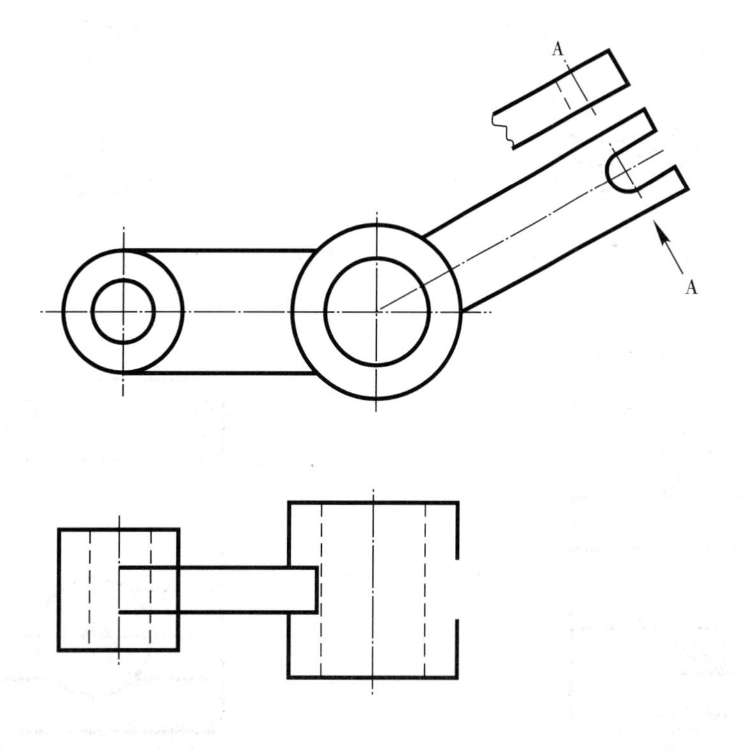

剖视图(一)	班级		学号		姓名		

补齐下列全剖视图中的漏线。

1.

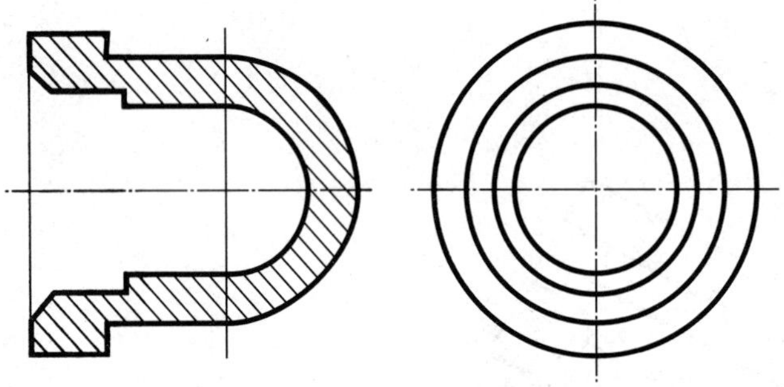

2.

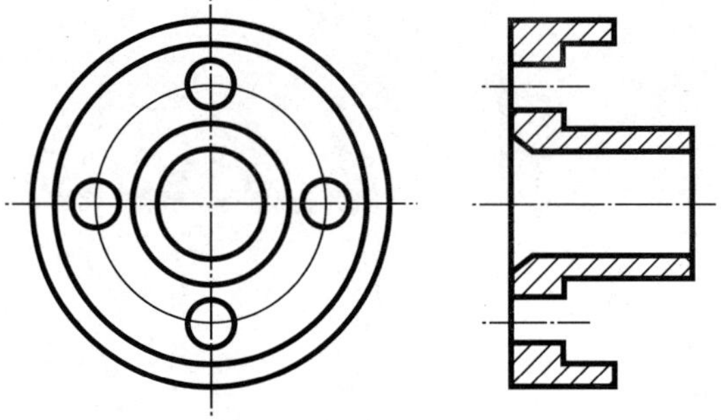

3.

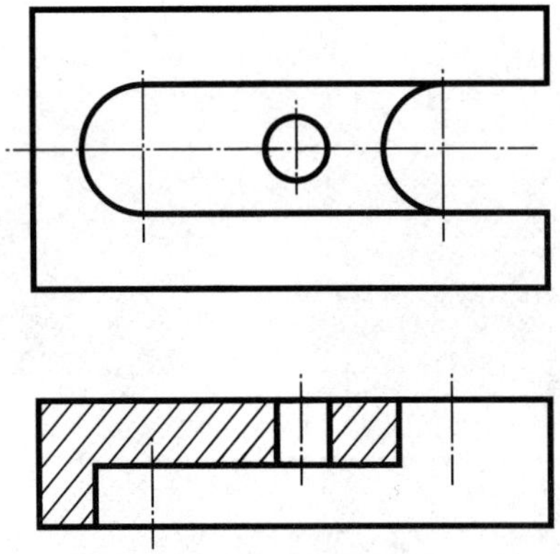

4.

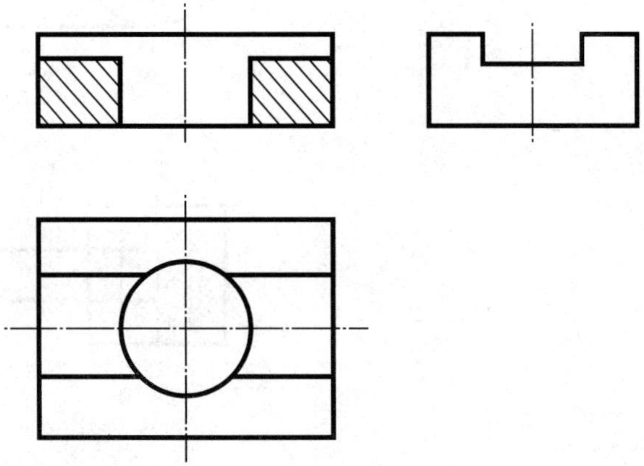

剖视图(二)	班级		学号		姓名		49

将主视图改画成全剖视图。(画在右侧或两视图之间)

1.

2.

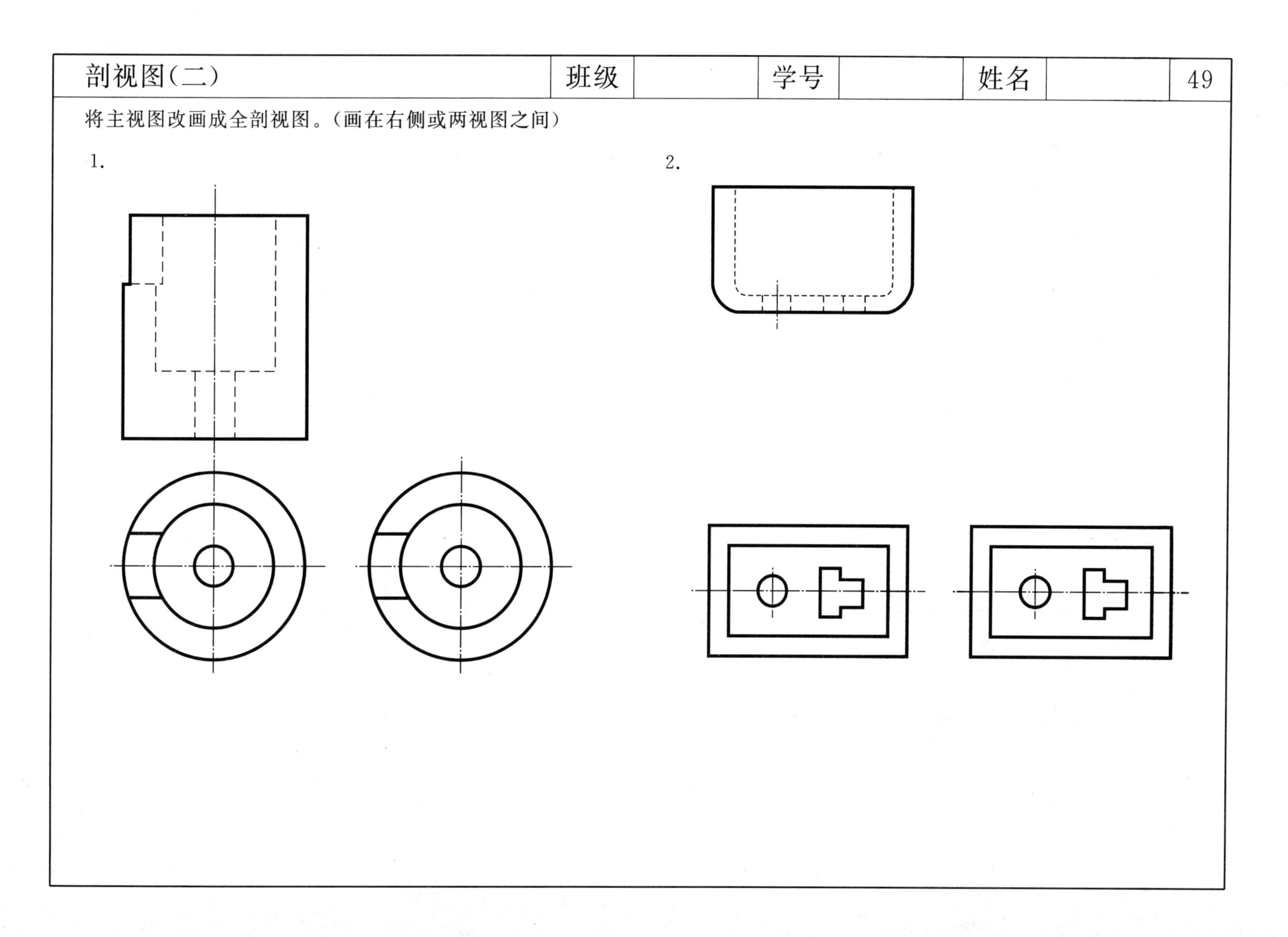

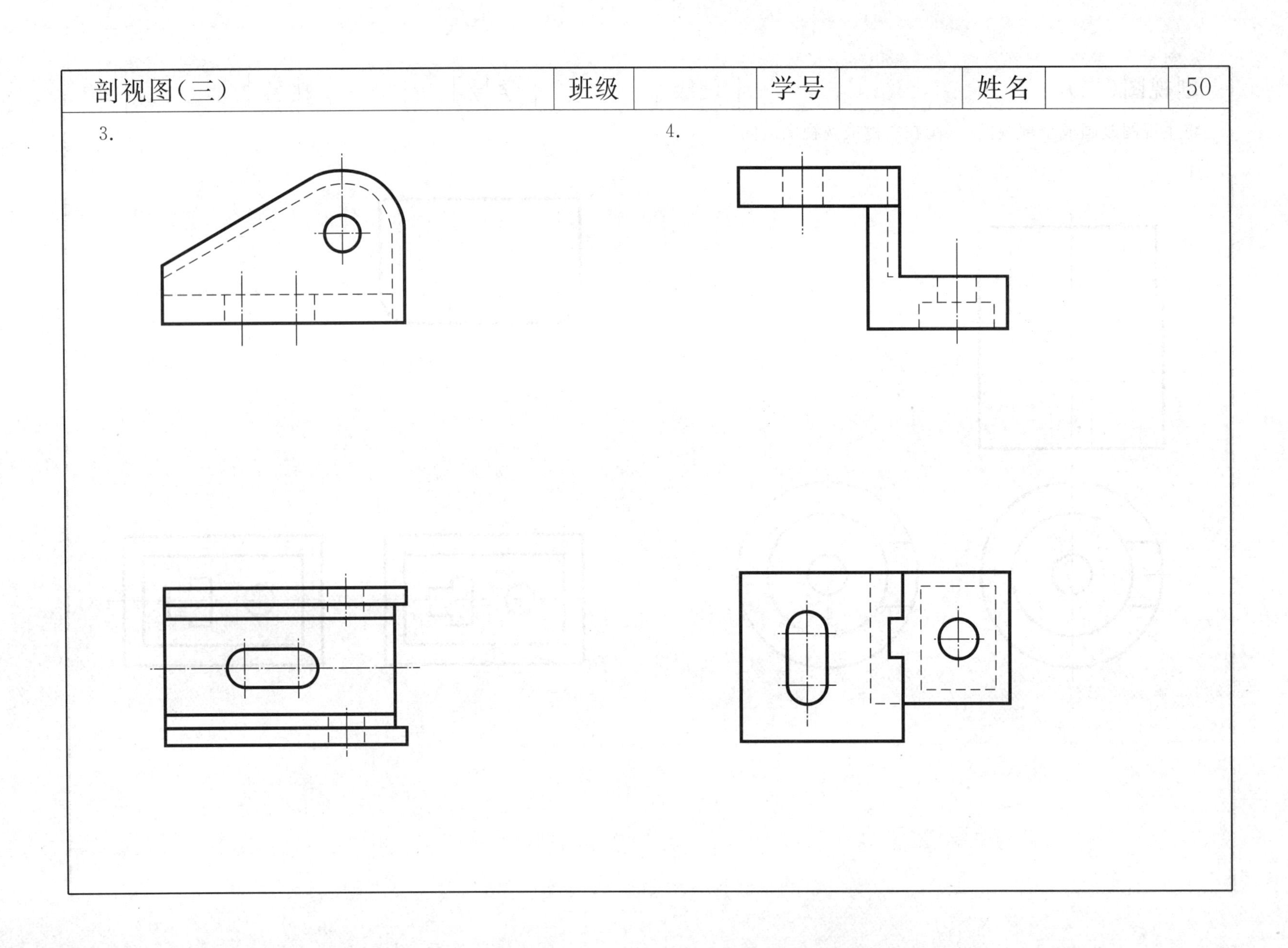
3.
4.

补全下列半剖视图中的漏线。

1.

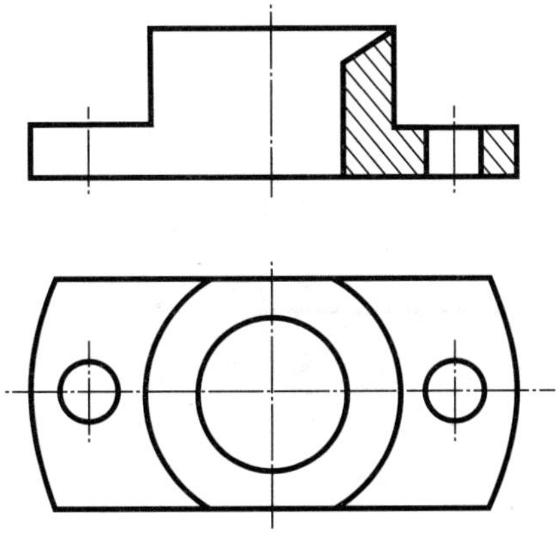

2.

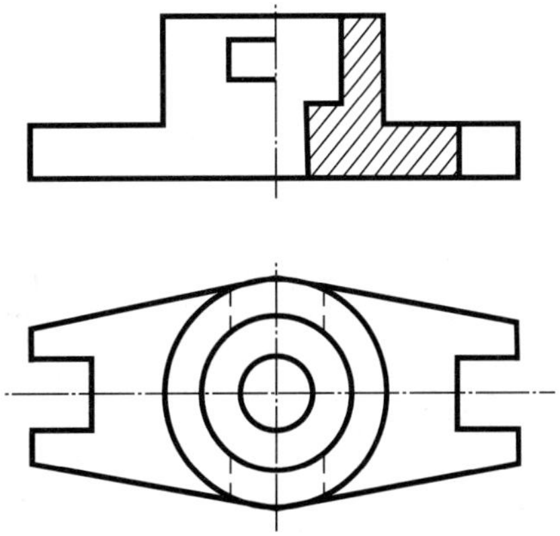

3.

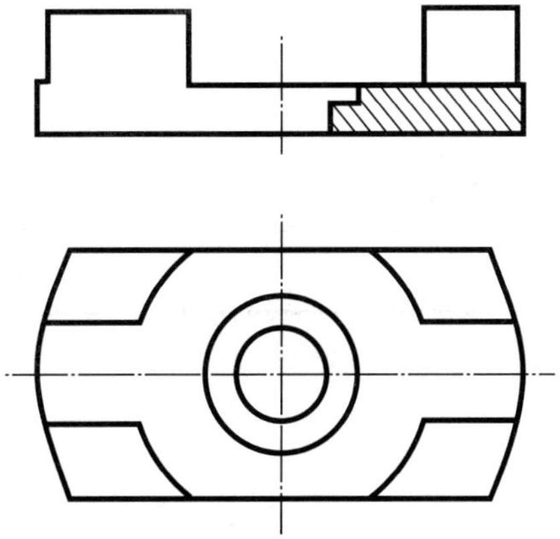

将主视图改画成半剖视图。

1.

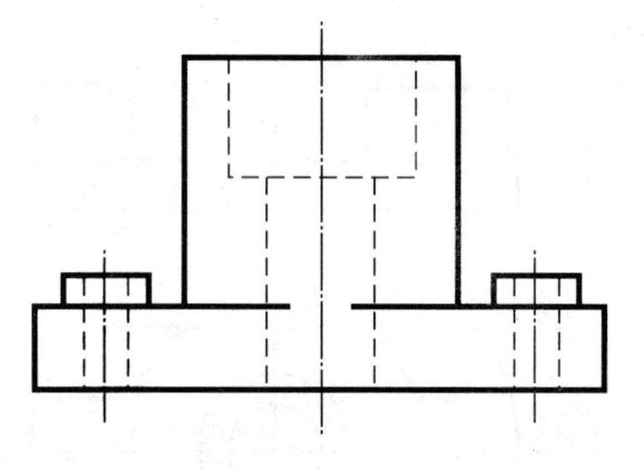

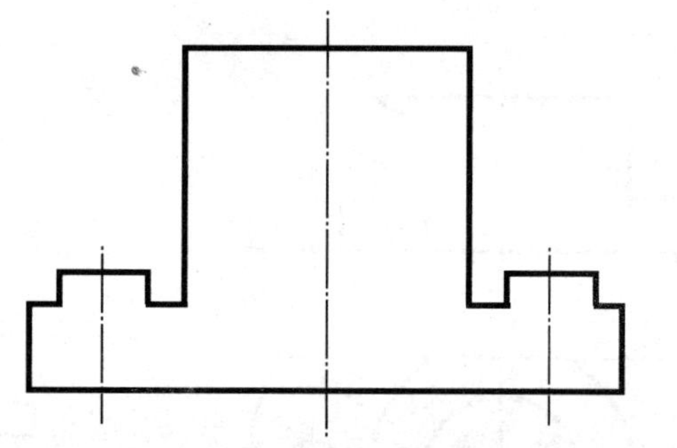

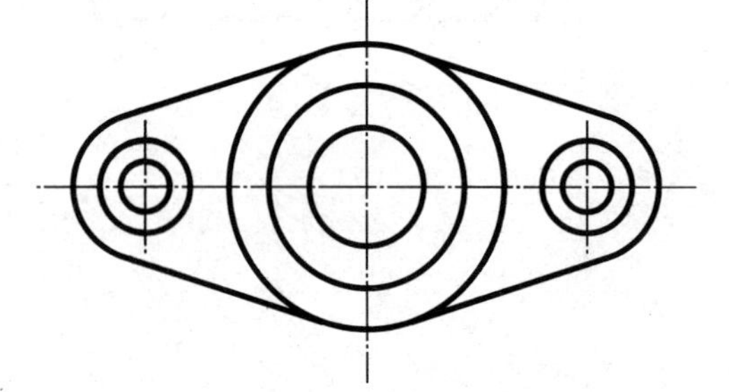

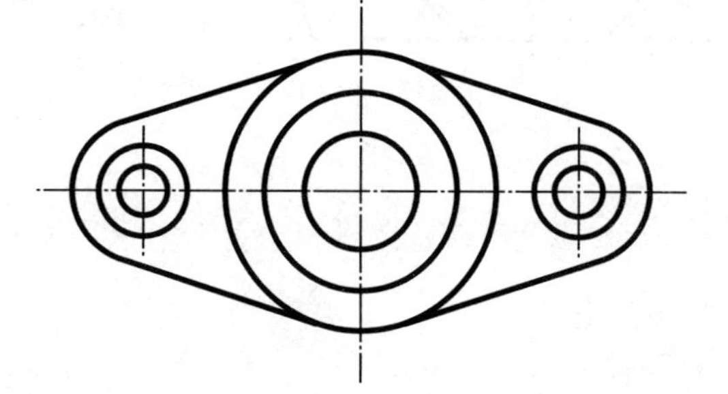

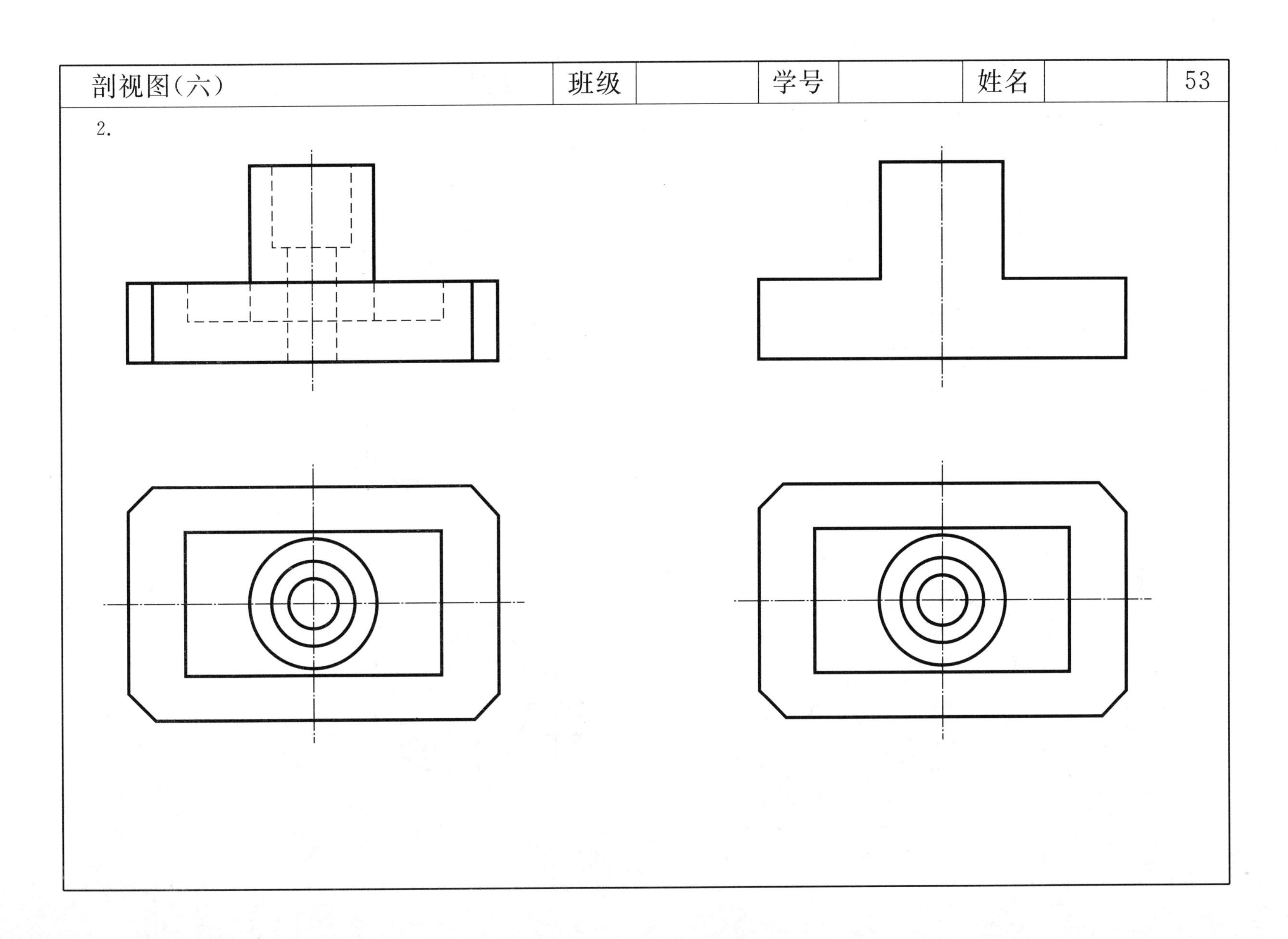
剖视图(六)
班级
学号
姓名
53
2.

剖视图(七)	班级		学号		姓名		54

将主视图或俯视图改画成局部剖视图。(画在相应的点划线框内)

1.

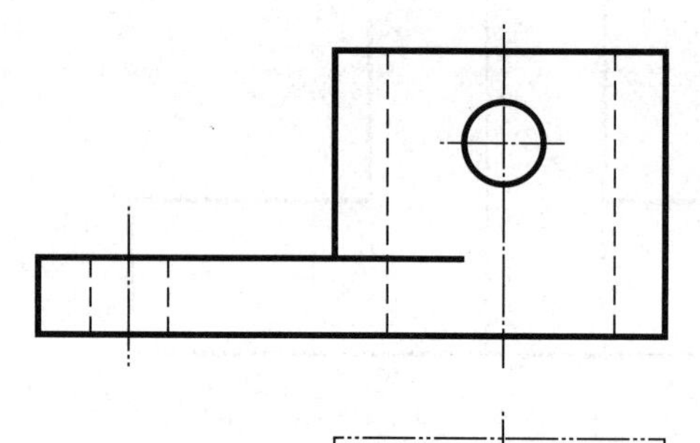

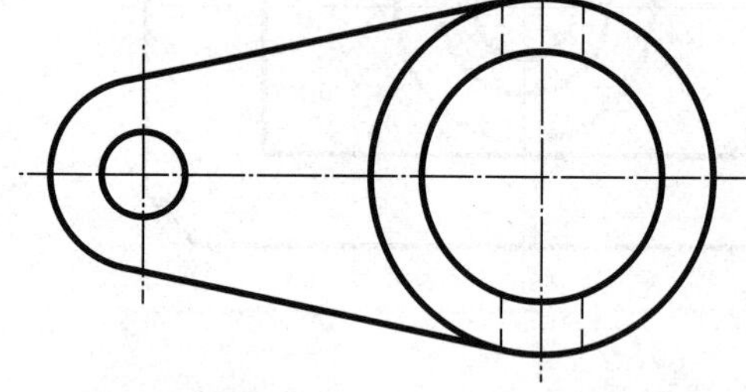

2.

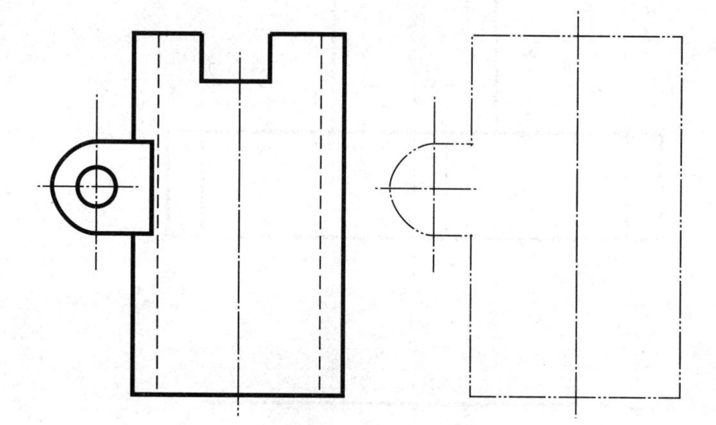

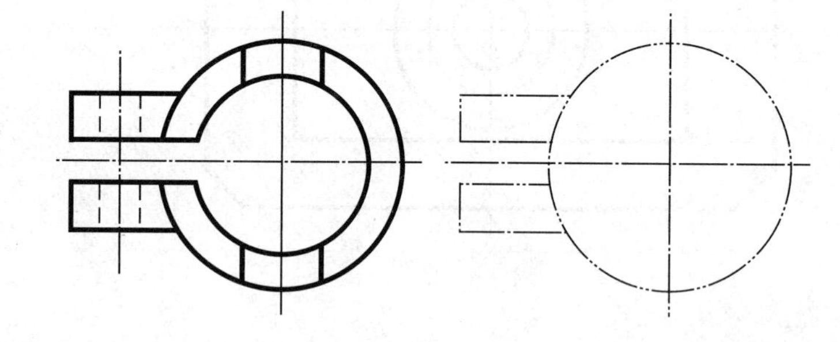

剖视图(八)	班级		学号		姓名		55

将主视图作成阶梯剖视图

1.

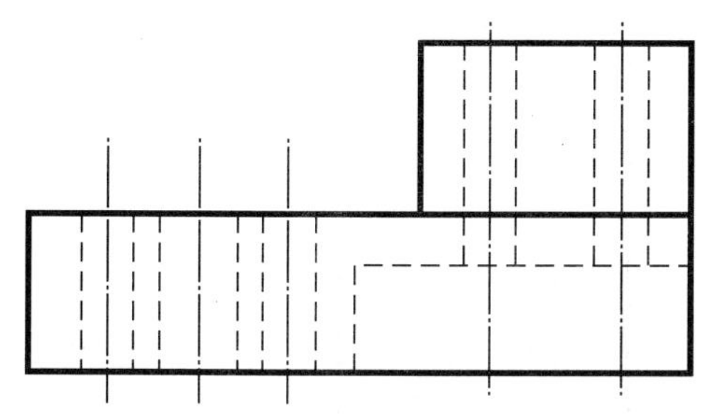

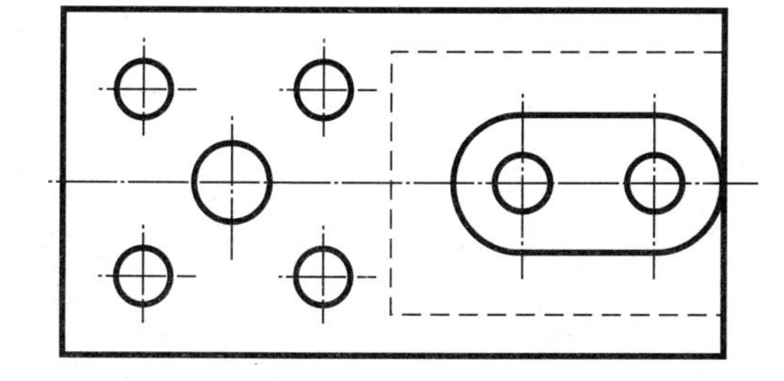

2.

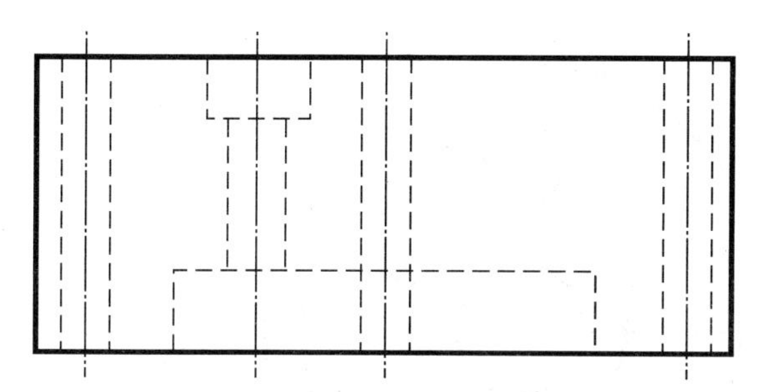

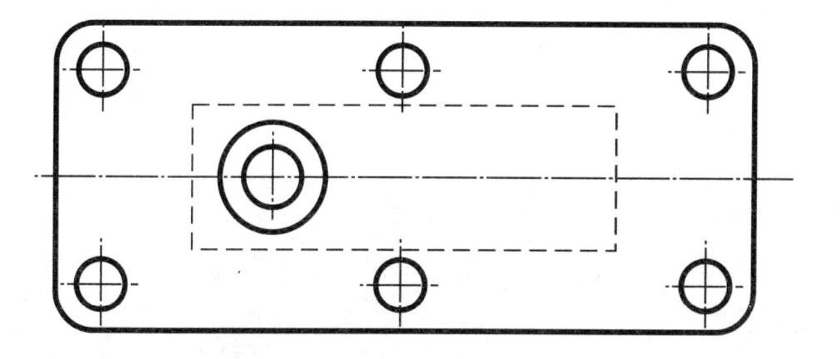

剖视图(九)	班级		学号		姓名		56

将主视图作成旋转剖视图

1.

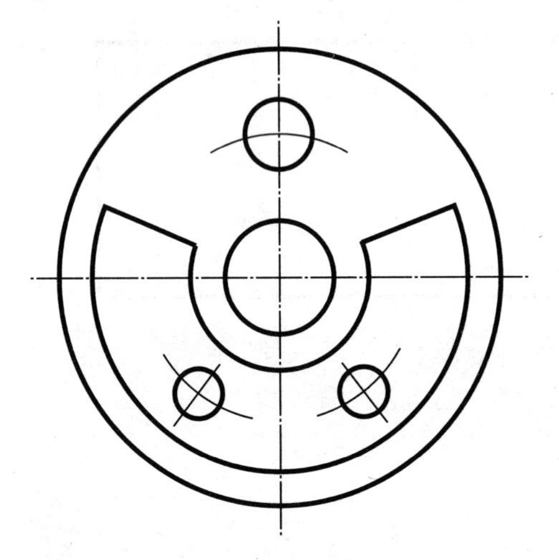

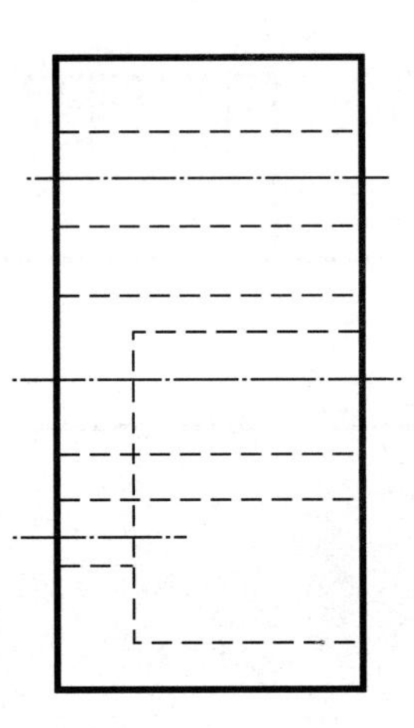

剖视图(十)	班级		学号		姓名		57

分别作 $A-A$、$B-B$ 剖视图

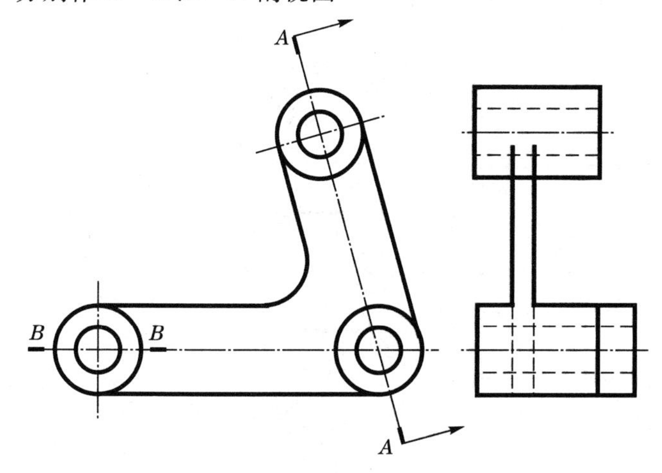

断面图	班级		学号		姓名		58

改正下图中移出断面图中的错误。

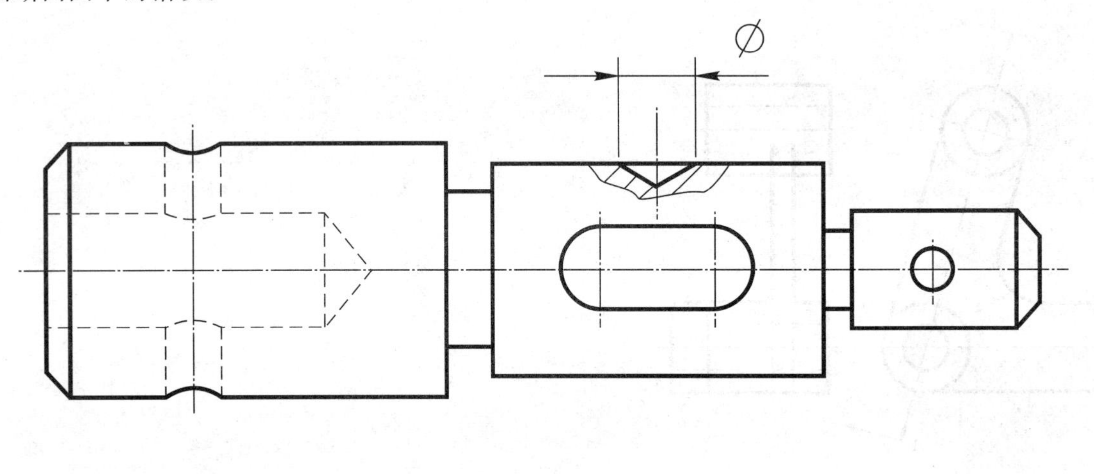

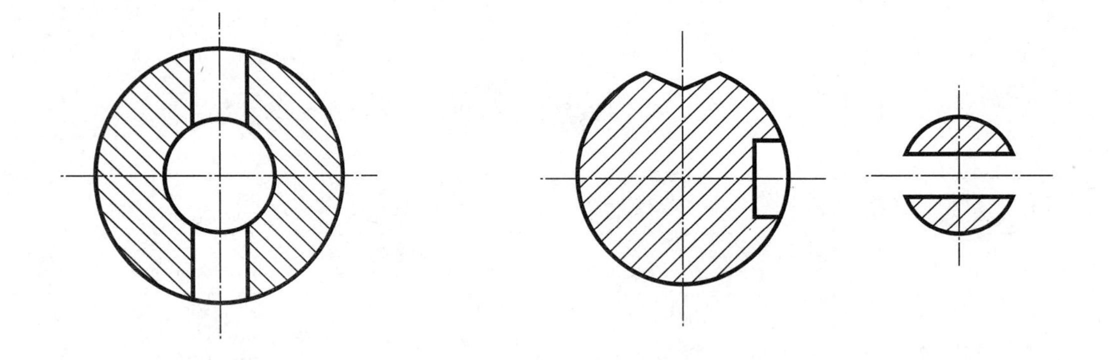

由立体图选择合理的视图表达方式。

1.

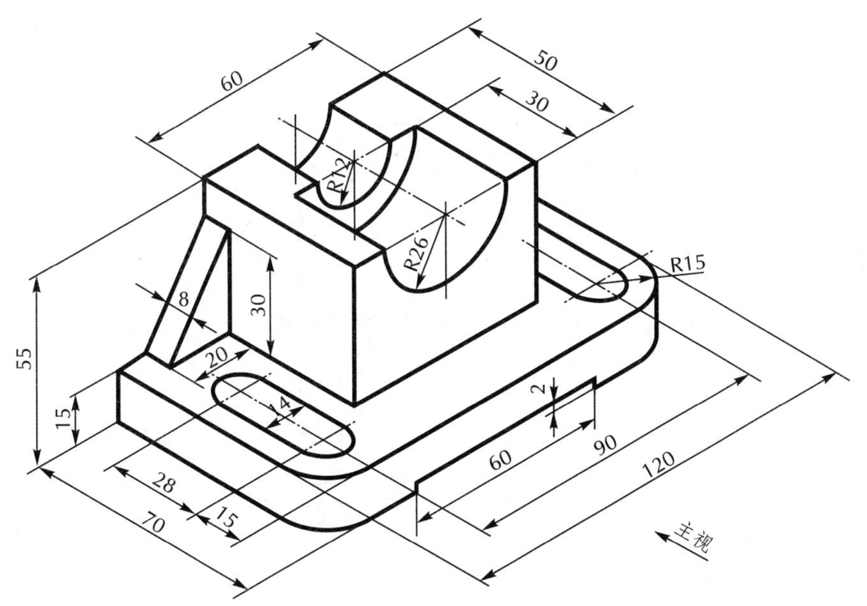

2.

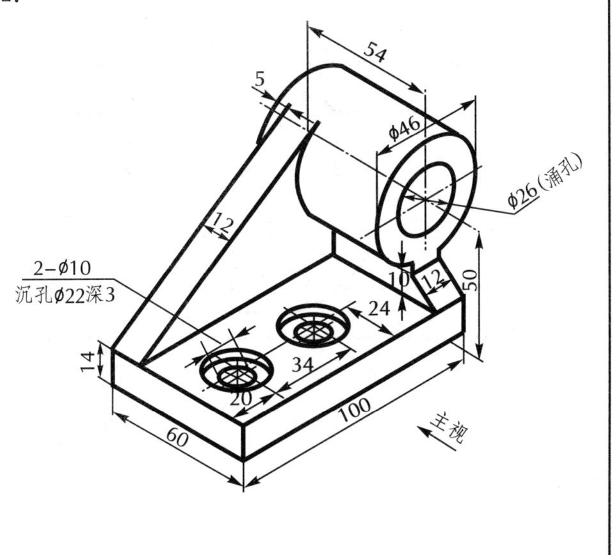

视图(二)	班级		学号		姓名		60

根据给出的立体图和俯视图及标注，在 A3 图纸上用 1∶1 画三视图，并标注尺寸。

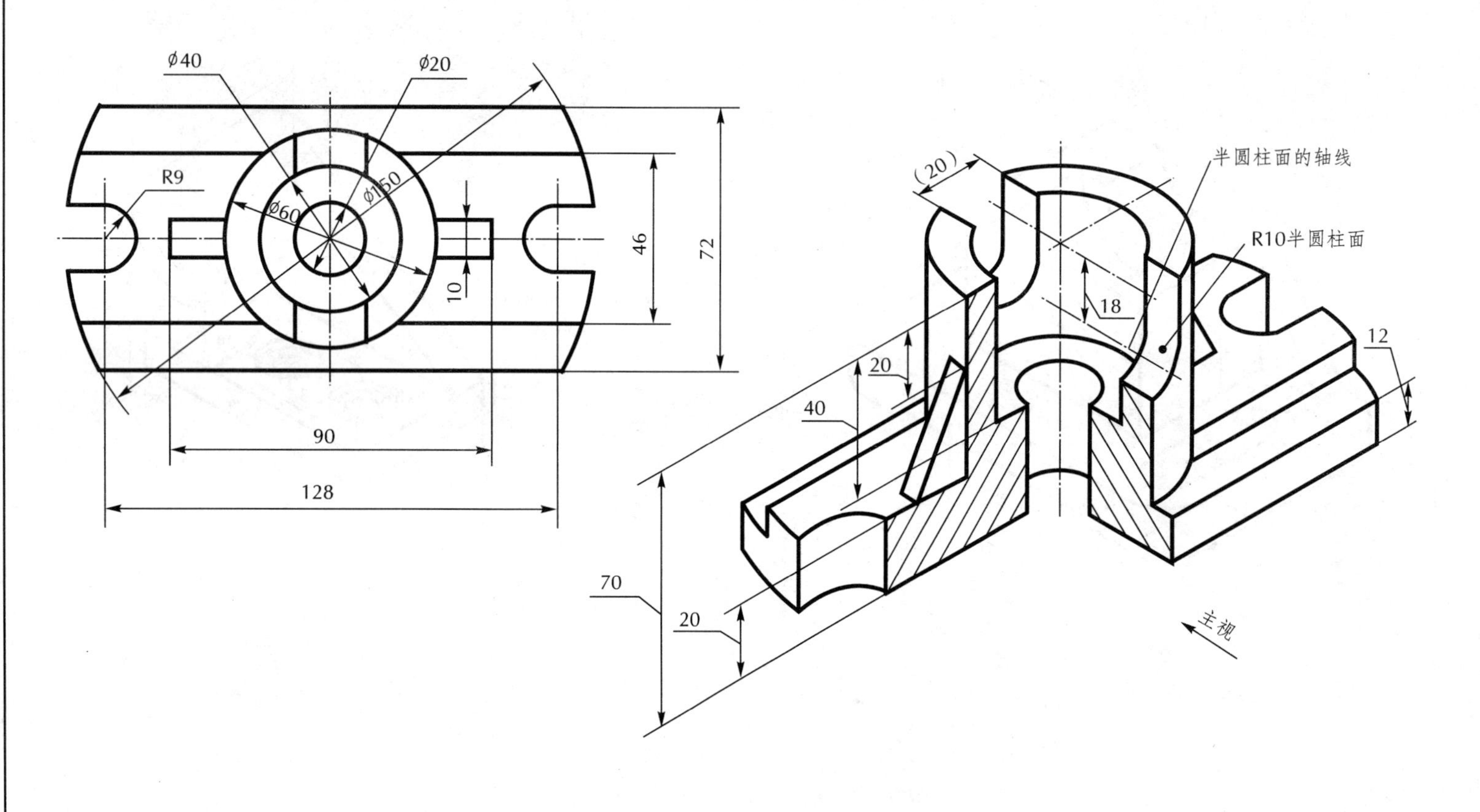

1. 已知普通粗牙螺纹，大径 10，螺距 1.5，右旋，风吹草动径和顶径公差代号 5 g、6 g 中等旋合长度，标注其代号。

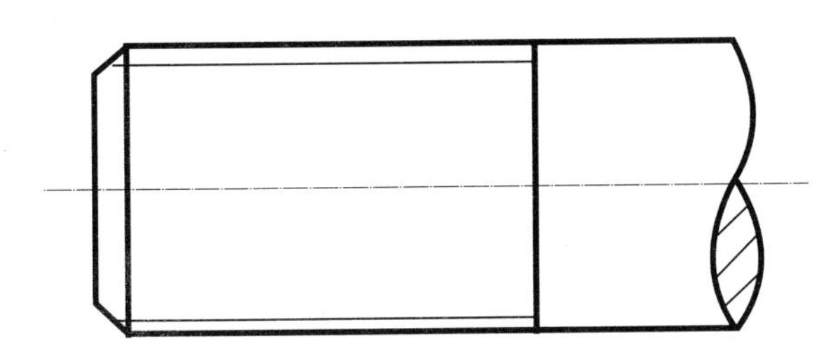

2. 梯形螺纹，大径 12，螺距 13，双线，左旋，中径公差代号为 7 e，中等旋合长度，标注其代号。

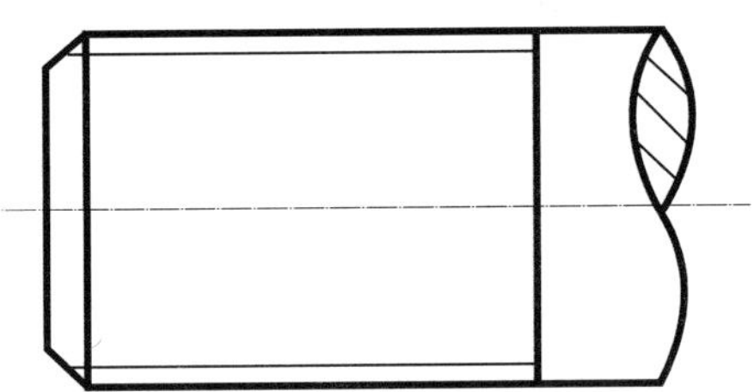

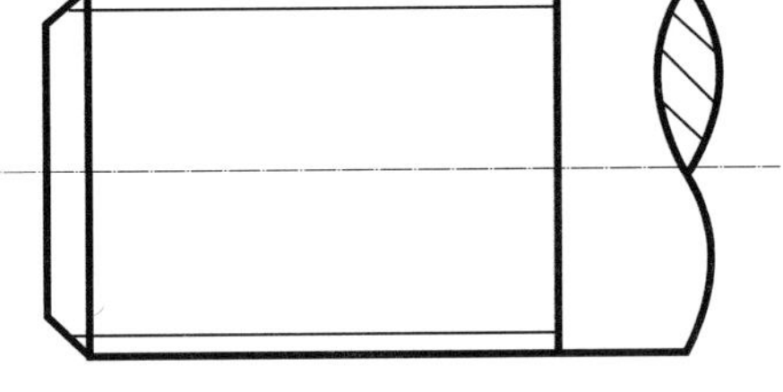

3. 细牙螺纹，大径 8，螺距 1，左旋，中径和顶径的公差带代号相同，外螺纹为 6*f*，内螺纹为 7*h*。

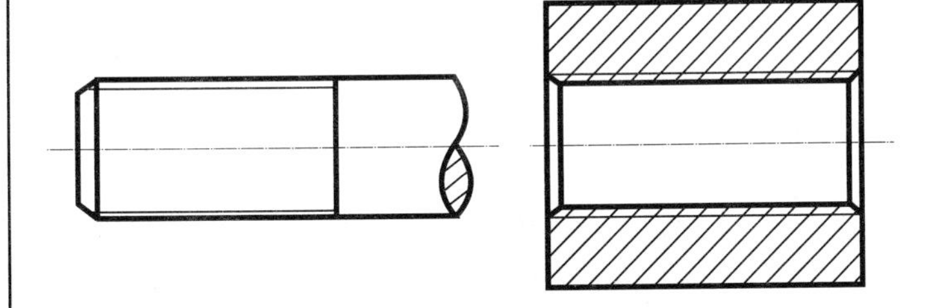

4. 非螺纹密封管螺纹，公差直径为 3/4 英寸，右旋，查出它的大径、小径和螺距，并填入指定位置。

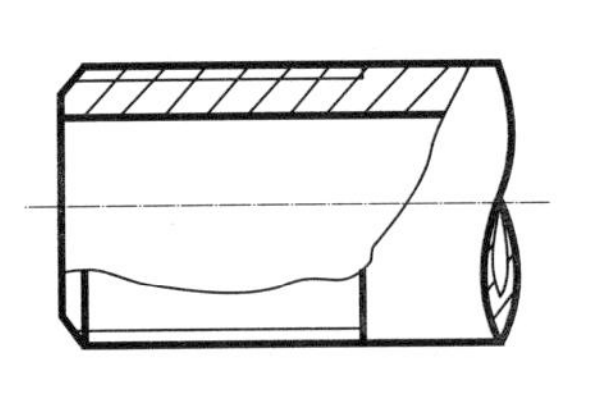

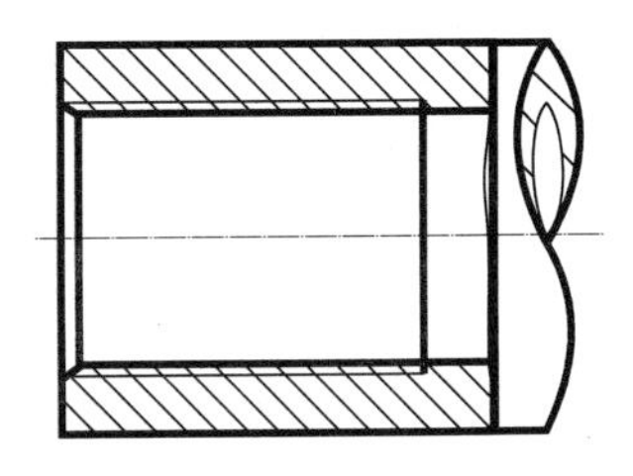

螺纹大径________　螺纹小径________　螺距________

1. 在 ϕ20 的圆杆左端，制出一段长 30 mm 的粗牙普通螺纹，中径和顶径的公差带代号均为 6 g，倒角为 2.5×45°。试画出螺杆的主、左试图(螺纹小径按 0.85 d 绘制)，并标注上述尺寸。

2. 已知零件左边制出一个普通螺纹的螺孔，公称直径为 20 mm，中径和顶径和的公差带代号均为 6*H*，螺孔深度为 30 mm，钻孔深度为 36 mm，试画出螺孔的主、左视图(主视图采用全剖视图，左视图不剖，钻孔直径按 0.85*d* 绘制)，并标注上述尺寸。

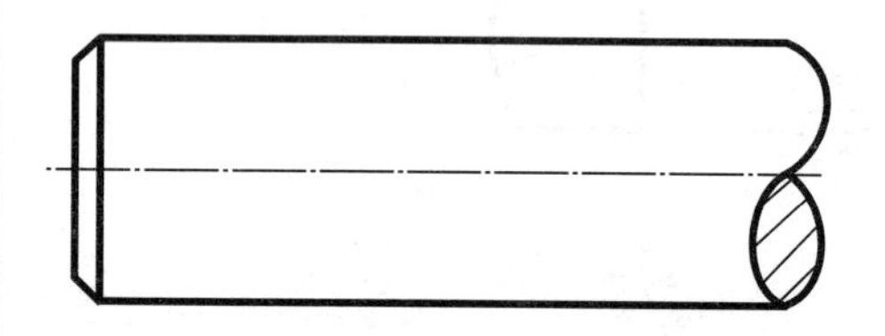
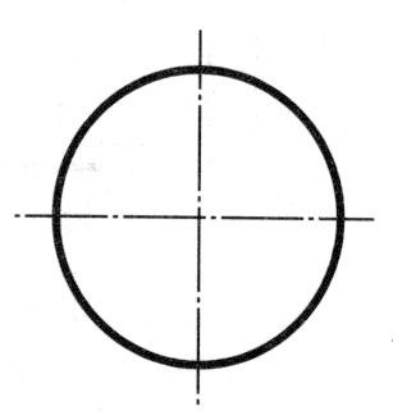
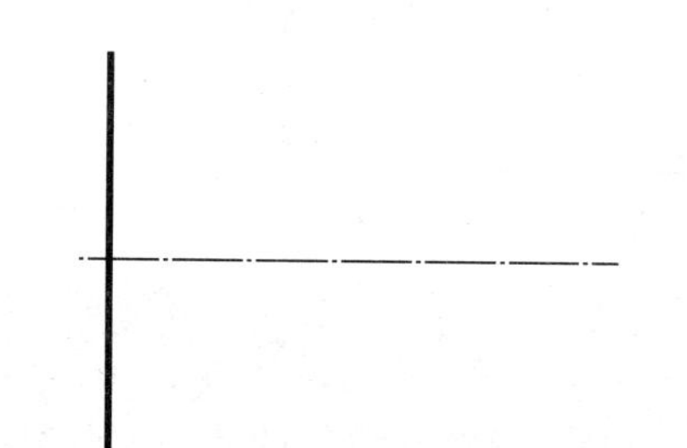
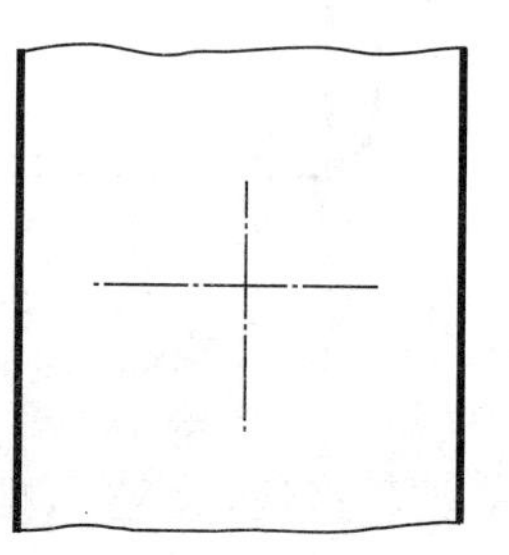

3. 将 1、2 题的螺杆和螺孔画成连接图，它们的旋合长度为 20 mm，主、左视图采用全剖视图(剖切平面位置自选)。

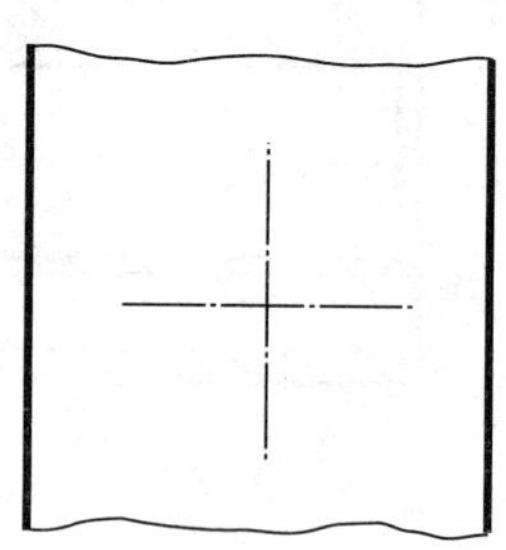

表面粗糙度和形位公差(一)	班级		学号		姓名		

1. 注出零件的公差代号，判断基准制和配合性质。

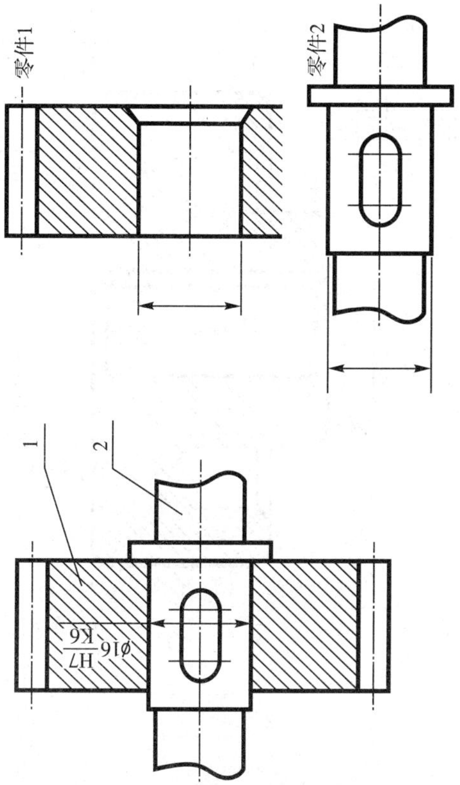

______制______配合，公差带代号：孔______，制______

2. 注出零件的公差代号，判别基准制和配合性质。

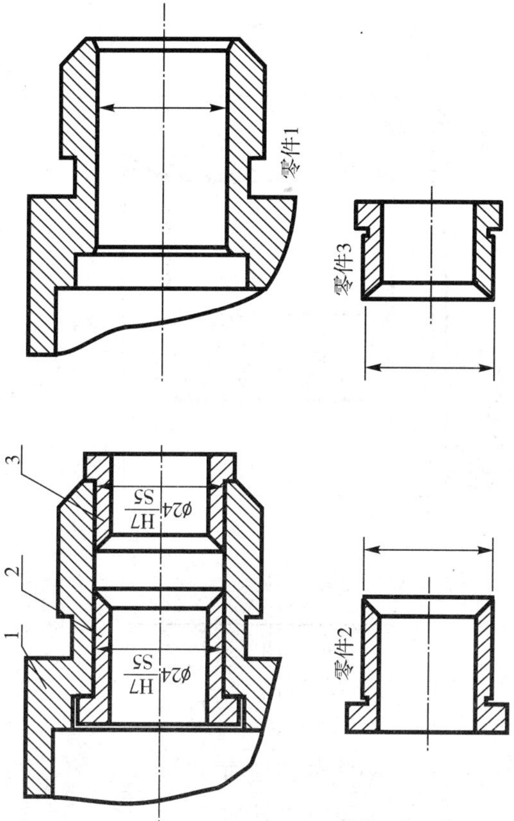

零件 2 与零件 1 是______制______配合，公差带代号：轴______，孔______

零件 3 与零件 1 是______制______配合，公差带代号：轴______，孔______

表面粗糙度和形位公差(二)

班级		学号		姓名		

1. 读懂指定表面的 R_a 值,并将数值填于右表。

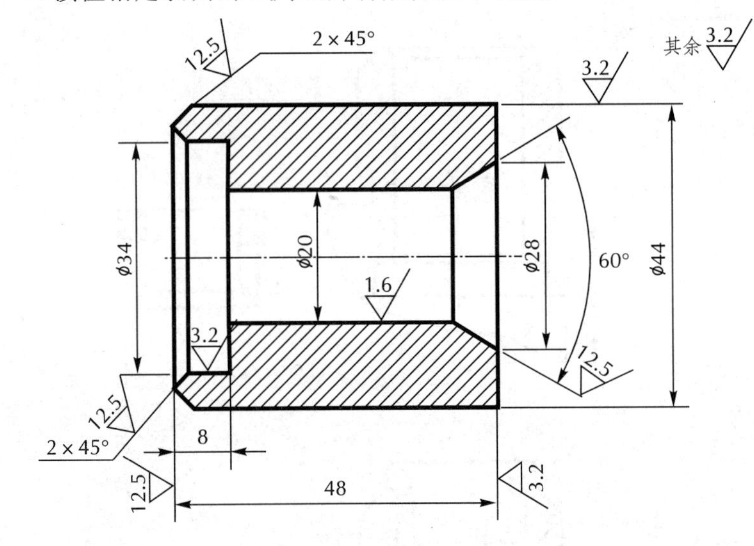

表　面	R
左端面	
右端面	
φ44 外圆柱面	
φ20 内圆柱面	
2×45°倒角	
60°镜面	
φ34 内圆柱面	

2. 文字说明图中框格标注的含义。

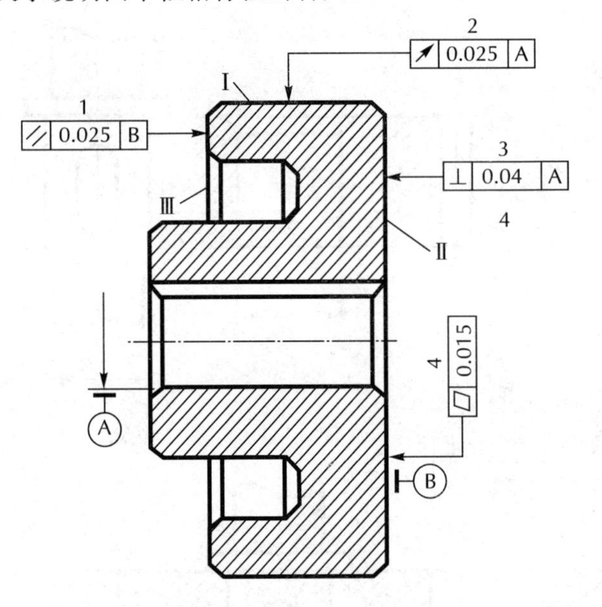

1. ________
2. ________
3. ________
4. ________

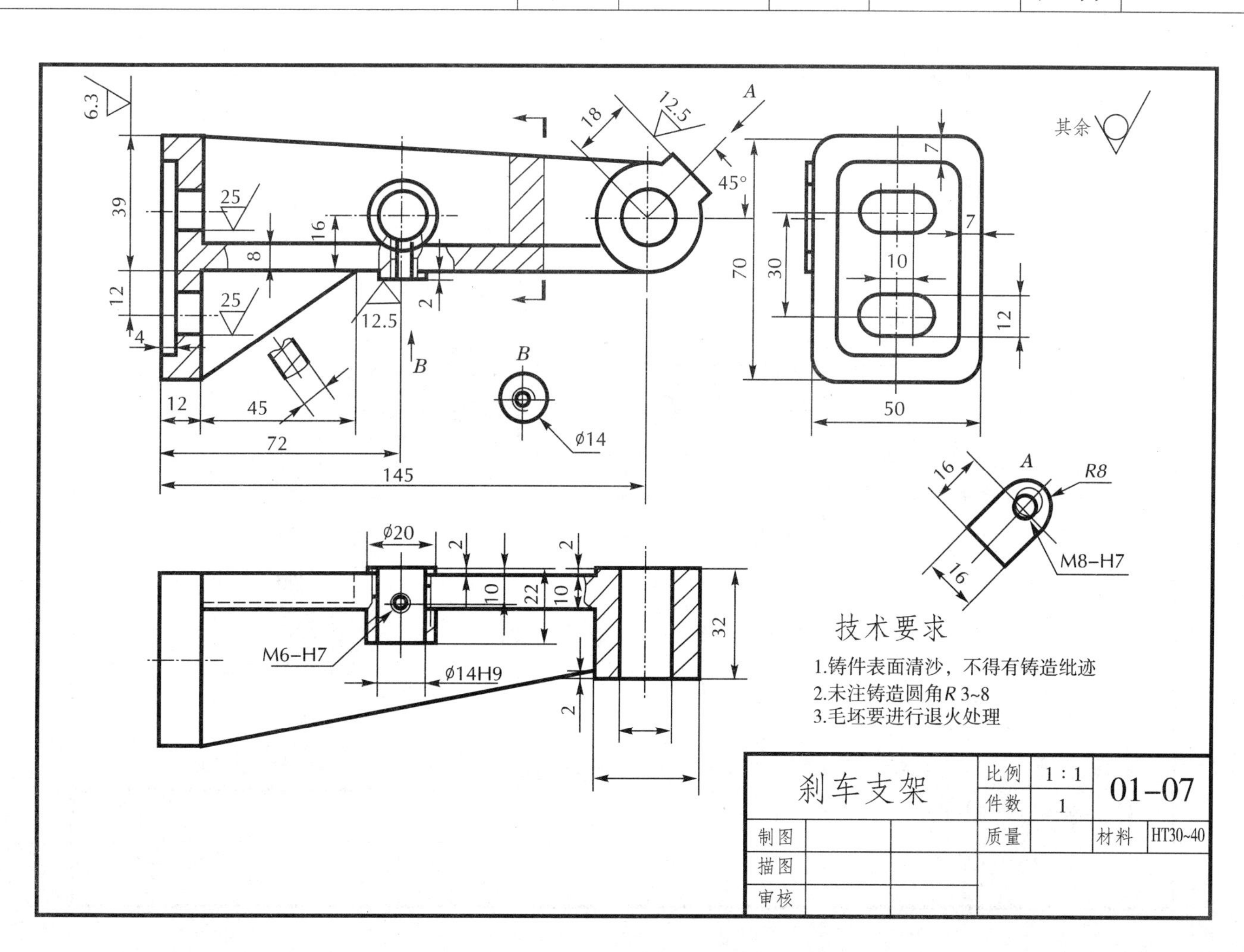

刹车支架		比例	1:1	01-07
		件数	1	
制图		质量		材料 HT30~40
描图				
审核				

读零件图(二)	班级		学号		姓名		66

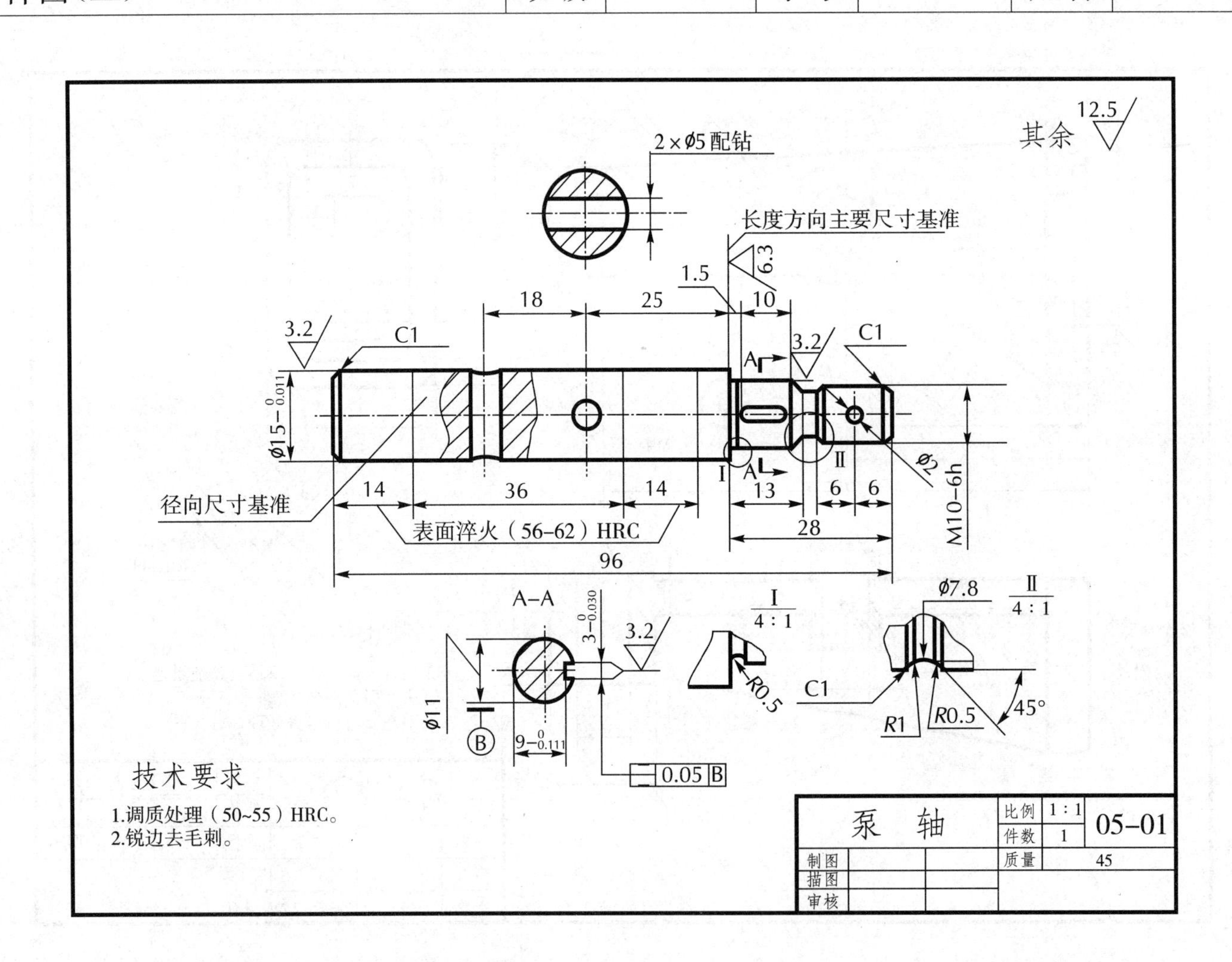

读装配图	班级		学号		姓名		67

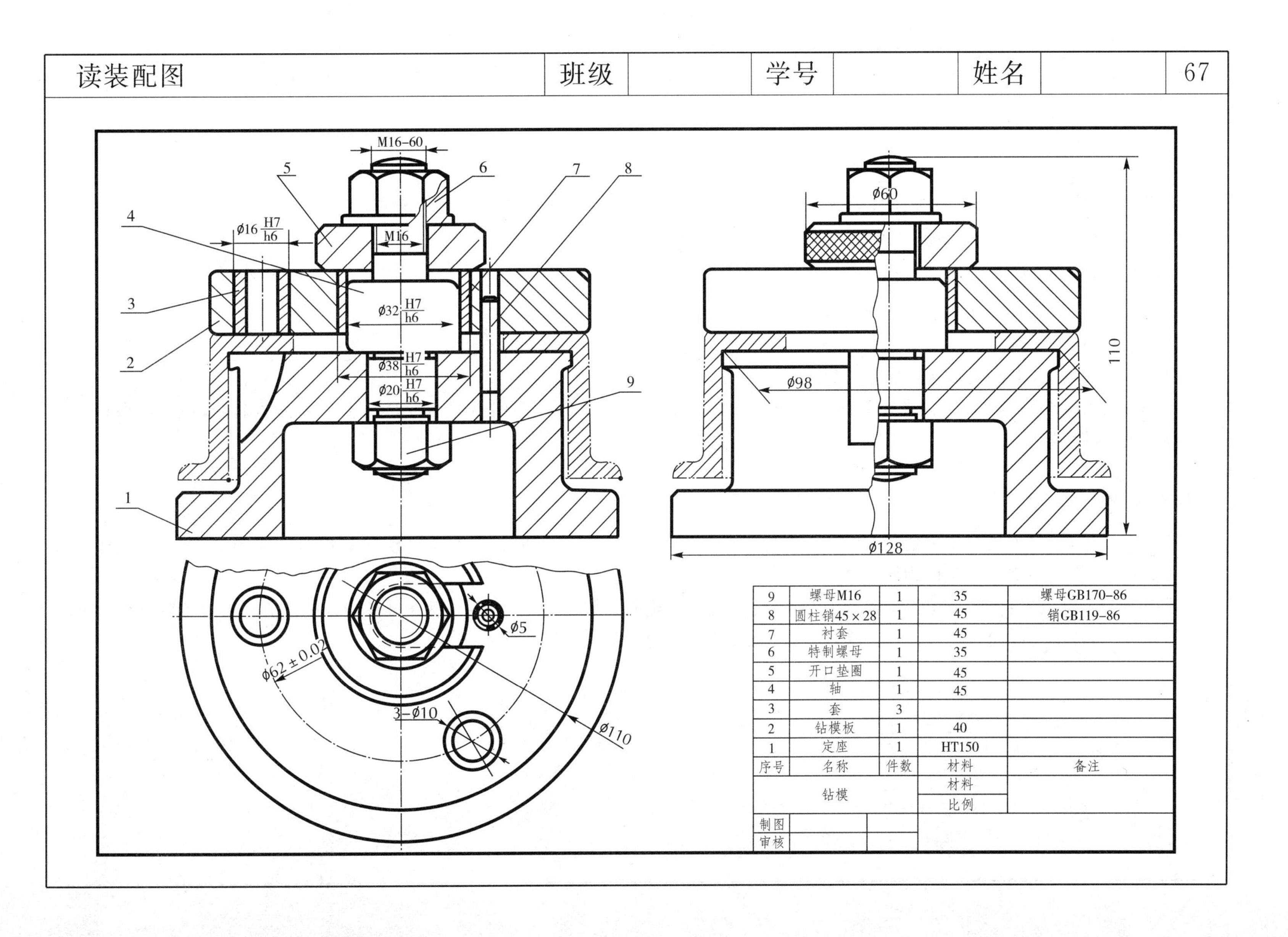

9	螺母M16	1	35	螺母GB170-86
8	圆柱销45×28	1	45	销GB119-86
7	衬套	1	45	
6	特制螺母	1	35	
5	开口垫圈	1	45	
4	轴	1	45	
3	套	3		
2	钻模板	1	40	
1	定座	1	HT150	
序号	名称	件数	材料	备注

钻模		材料	
		比例	
制图			
审核			

AutoCAD 绘图练习(一)	班级		学号		姓名		68

基本操作：

1. 了解 AutoCAD 2004 的主要新功能有哪些。
2. 使用 AutoCAD 2004 所需的显示器最小分辨率是多少？AutoCAD 2004 可以在哪些操作系统上运行？
3. 下拉菜单中符合“...”和“▼”分别表示什么意义？
4. 如何找开或关闭屏幕菜单？
5. 比较键盘命令、工具图标及下拉菜单三种命令调用方法的优缺点。
6. 在状态行，可以了解什么样的信息？
7. 启动并关闭【标注】、【曲面】、【实体】工具栏。
8. 在 AutoCAD 2004 帮助文档中【索引】栏下键入“Circle”回车，利用帮助文档回答此命令是用来画什么图形的，用此命令时有哪些具体的步骤？

绘图命令：

1. 建立新文件，导向工具的作用是什么？通过导向工具设置：作图单位为十进制、小数点位数为 0、作图区域为 420×297，完成后以 LX-1. DWT 为文件名存储为样板文件。
2. 通向导向工具设置：作图单位为十进制、小数点位数为 2、逆时针旋转为正，作图区域为 841×594，比较前一次设置的结果有何不同，从而理解通导向工具的作用。完成后以 LX-2. DWT 为文件名存储为样板文件。

AutoCAD 绘图练习(二)	班级		学号		姓名		

请使用绘图命令绘制下列所示图形。

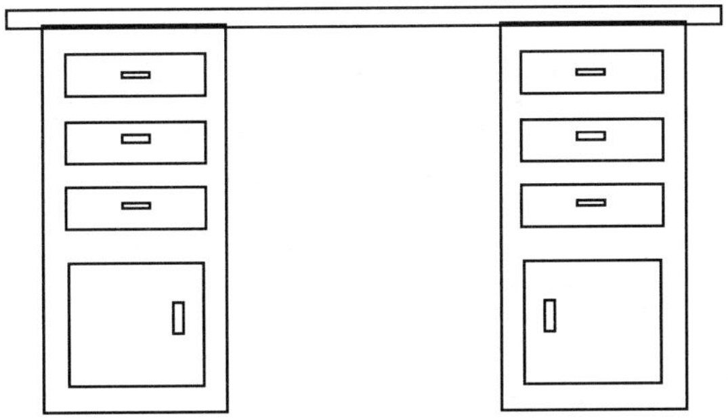

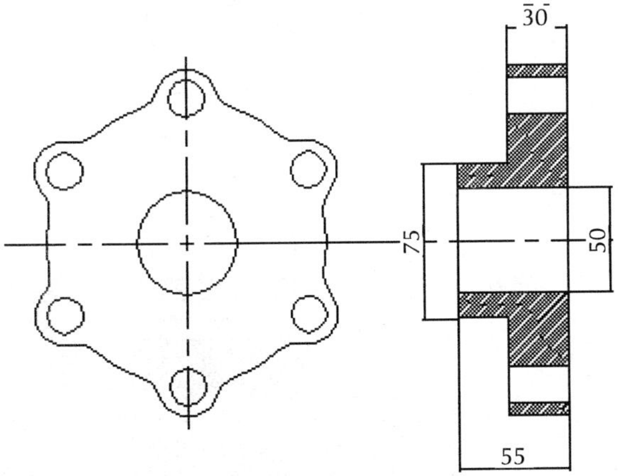

30

75

50

55

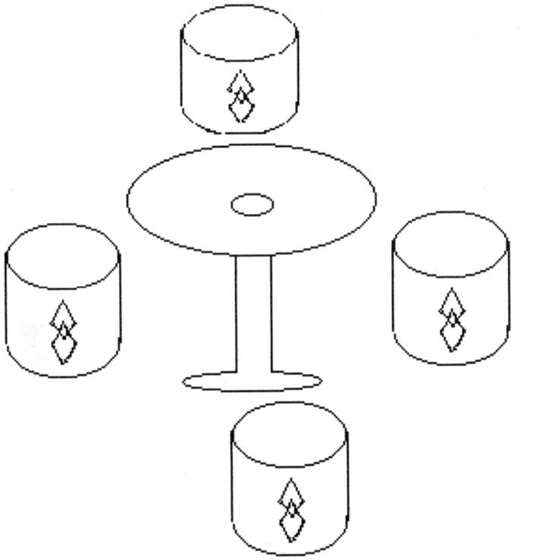

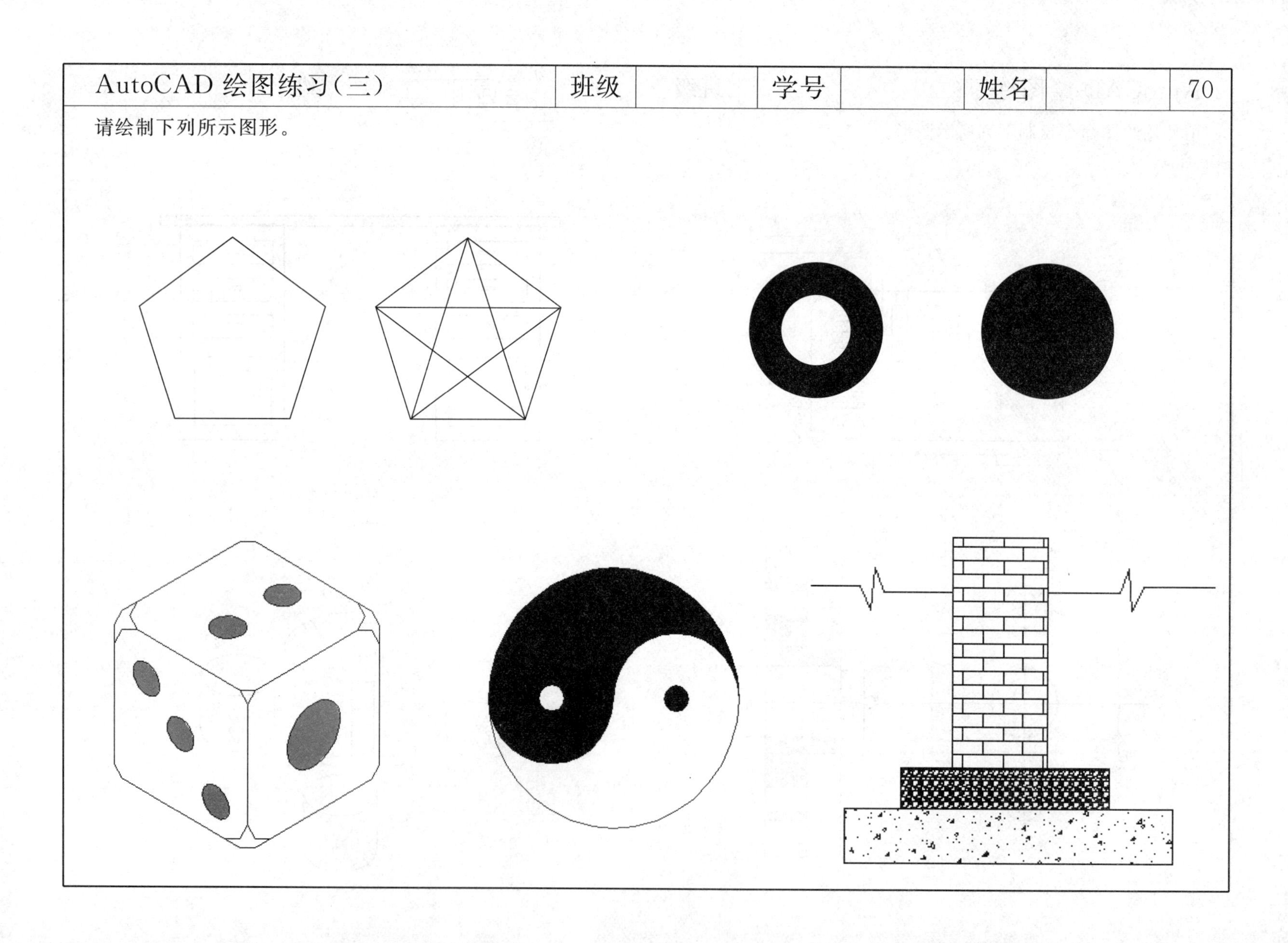
AutoCAD 绘图练习(三)
班级
学号
姓名
70
请绘制下列所示图形。

AutoCAD 绘图练习(四)	班级		学号		姓名		71

请绘制下列所示图形。

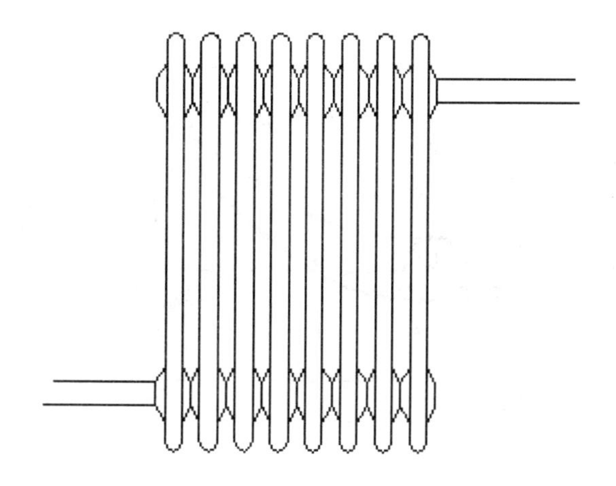

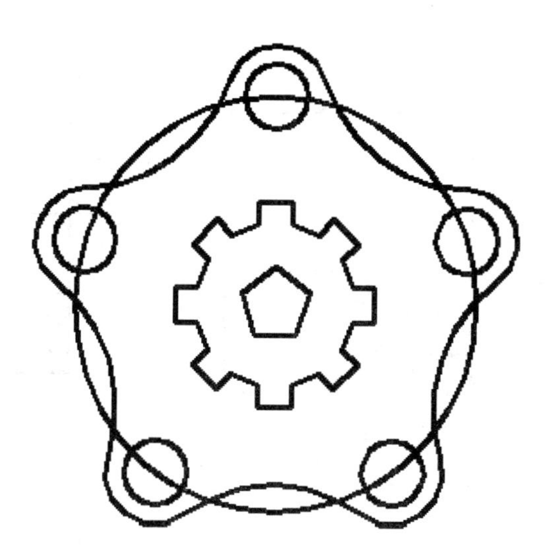

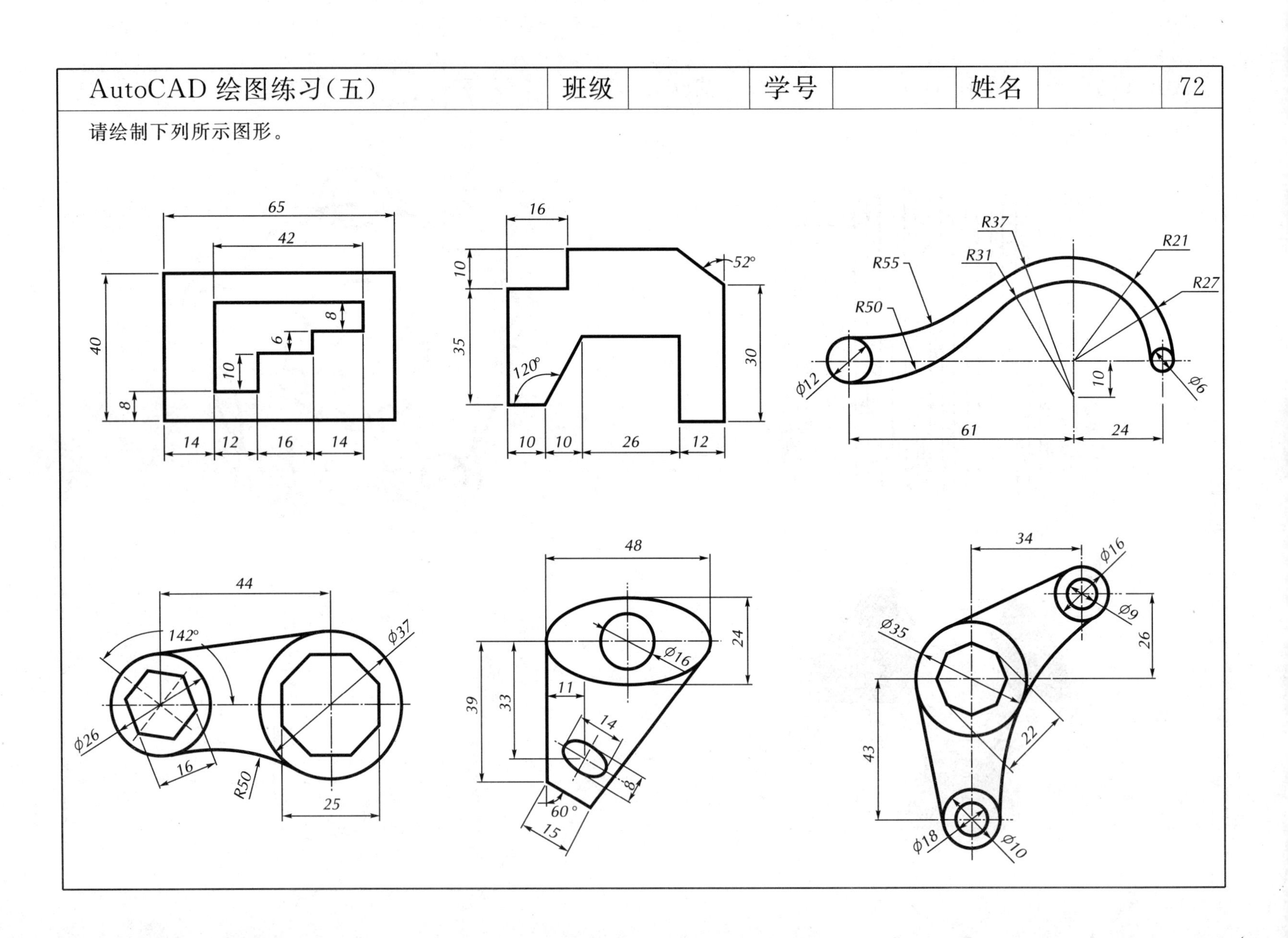
AutoCAD 绘图练习（五）
班级
学号
姓名
72
请绘制下列所示图形。
65
42
40
8
10
6
8
14
12
16
14
16
10
35
52°
120°
30
10
10
26
12
R37
R21
R31
R55
R27
R50
ϕ12
10
ϕ6
61
24
44
142°
ϕ37
ϕ26
16
R50
25
48
24
ϕ16
39
33
11
14
8
60°
15
34
ϕ16
ϕ9
ϕ35
26
22
43
ϕ18
ϕ10

请绘制下列所示图形。

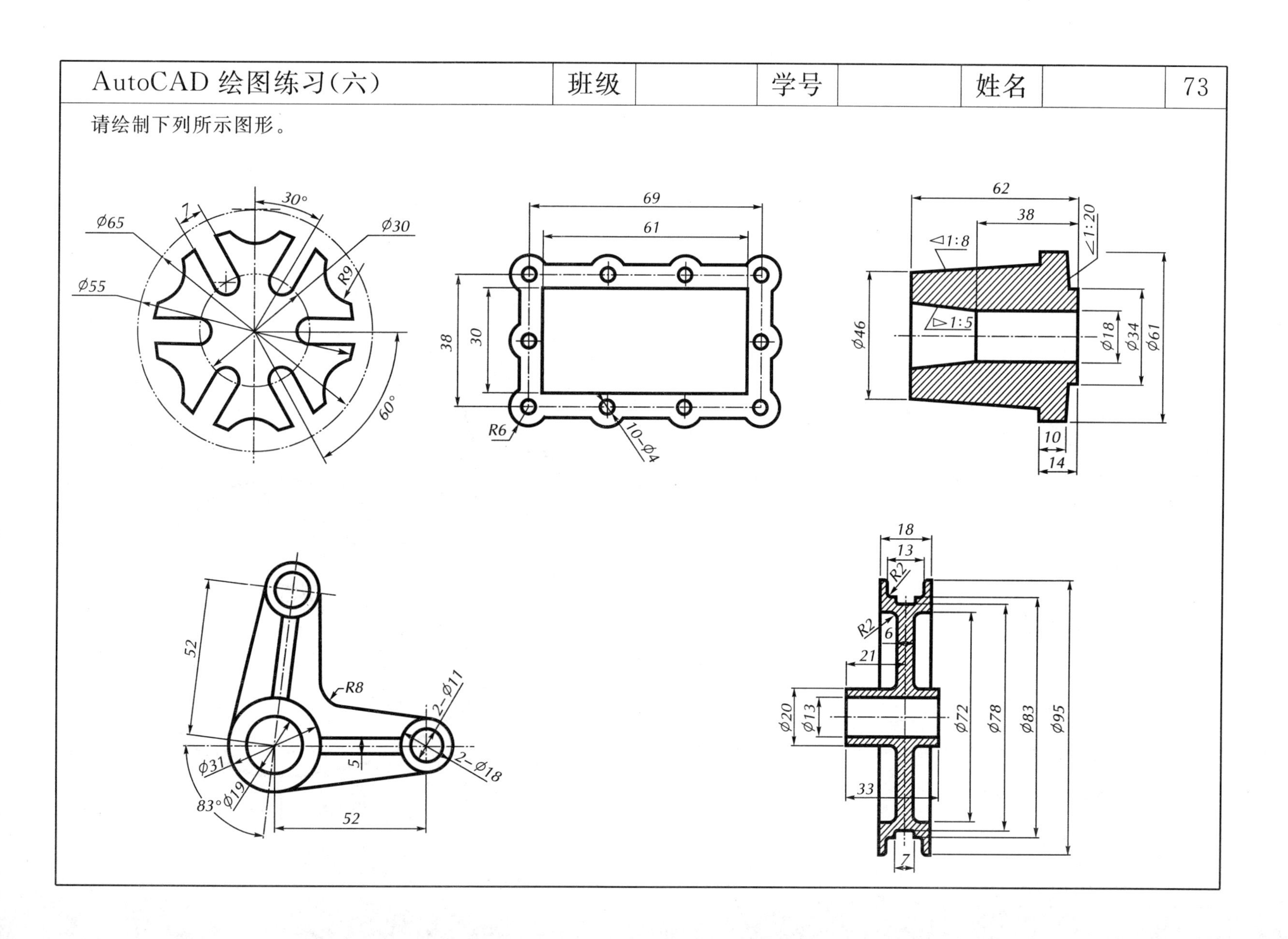
30°
7
Ø65
Ø30
R9
Ø55
60°
69
61
38
30
R6
10–Ø4
62
38
∠1:20
⊲1:8
⊳1:5
Ø46
Ø18
Ø34
Ø61
10
14
52
R8
2–Ø11
5
2–Ø18
Ø31
83°
Ø19
52
18
13
R2
R2
6
21
Ø20
Ø13
Ø72
Ø78
Ø83
Ø95
33
7

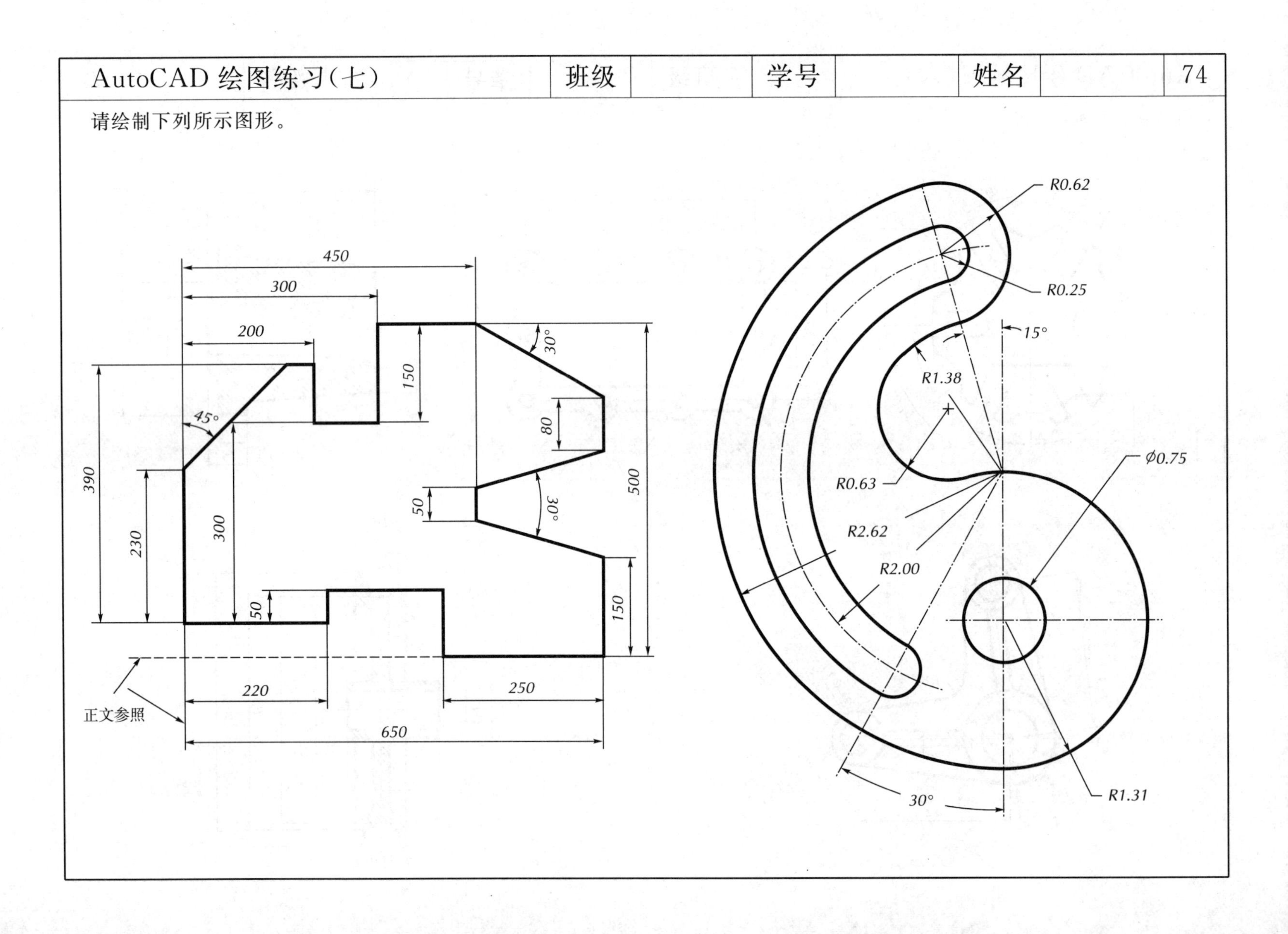
AutoCAD 绘图练习（七）
班级
学号
姓名
74
请绘制下列所示图形。
450
300
200
150
30°
80
390
45°
230
300
50
30°
500
50
150
220
250
650
正文参照
R0.62
R0.25
15°
R1.38
R0.63
ϕ0.75
R2.62
R2.00
30°
R1.31

AutoCAD 绘图练习(八)	班级		学号		姓名		75

请绘制下列所示图形。

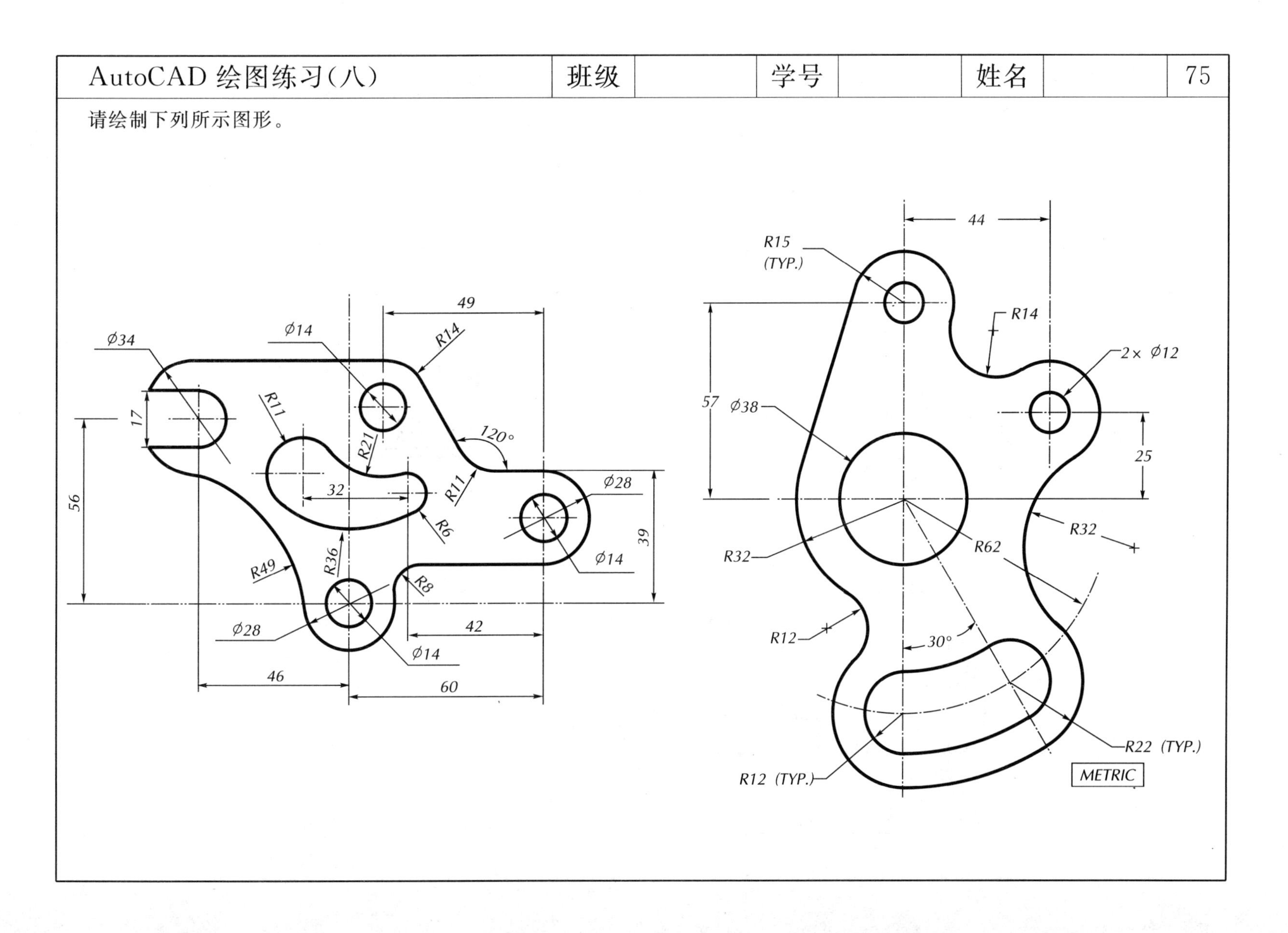

AutoCAD 绘图练习(九)	班级		学号		姓名		76

请绘制下列所示三视图形。

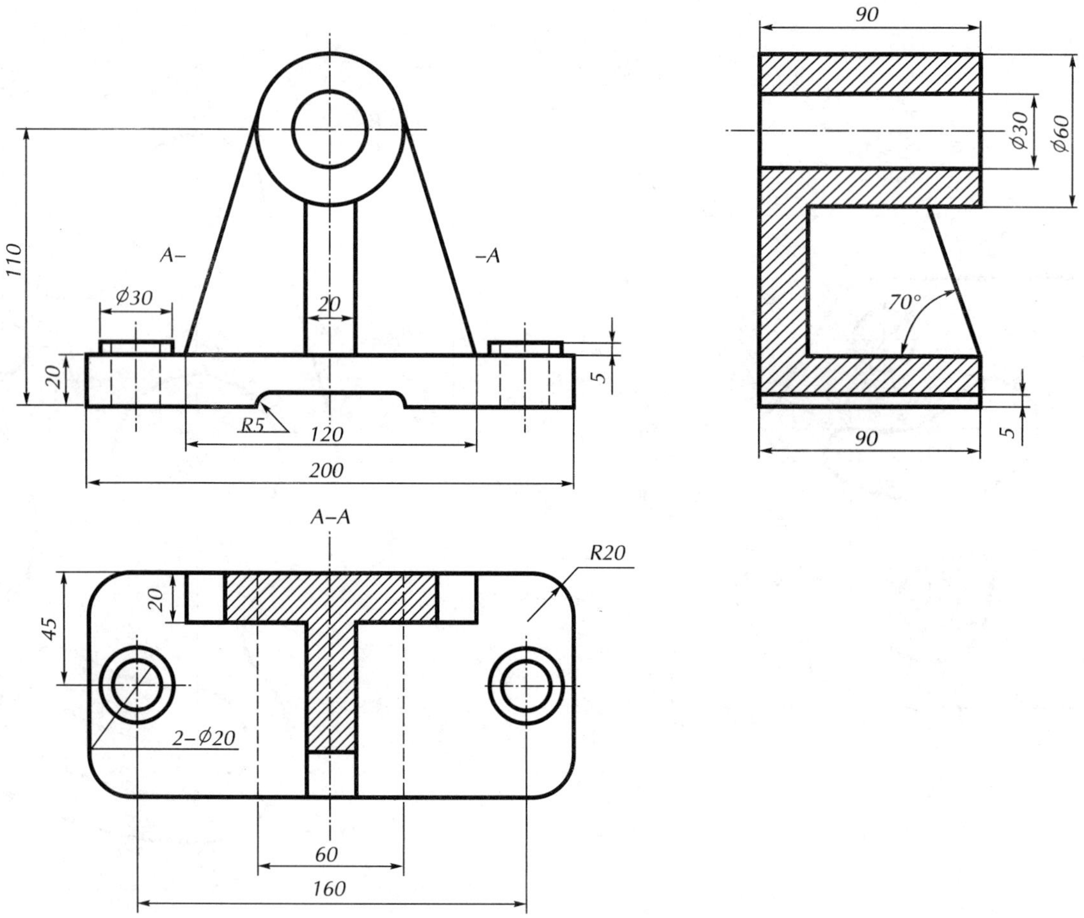

AutoCAD 绘图练习(十)	班级		学号		姓名		

请绘制下列所示零件图形。

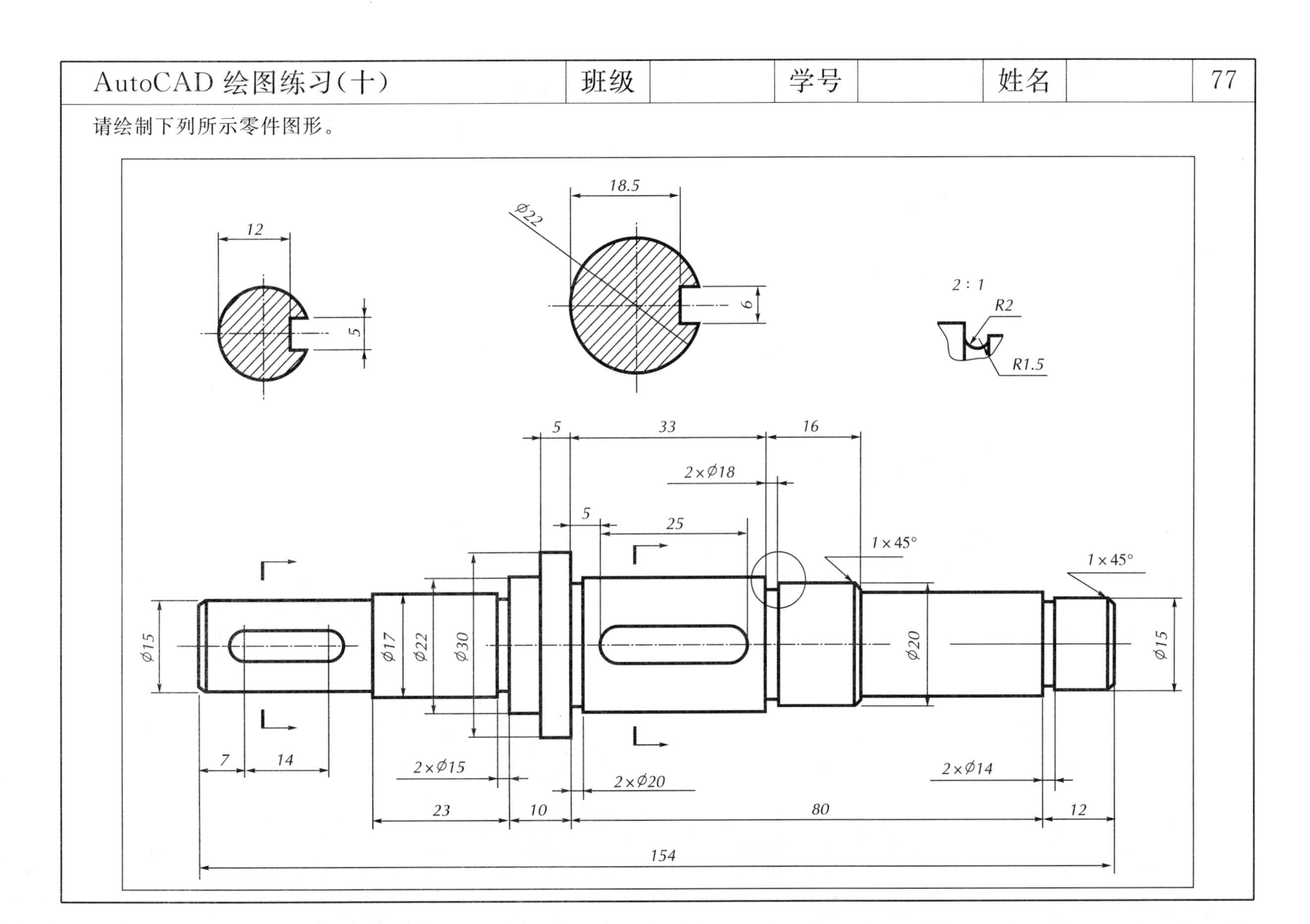

AutoCAD 绘图练习(十一)	班级		学号		姓名		78

请绘制下列所示零件图形。

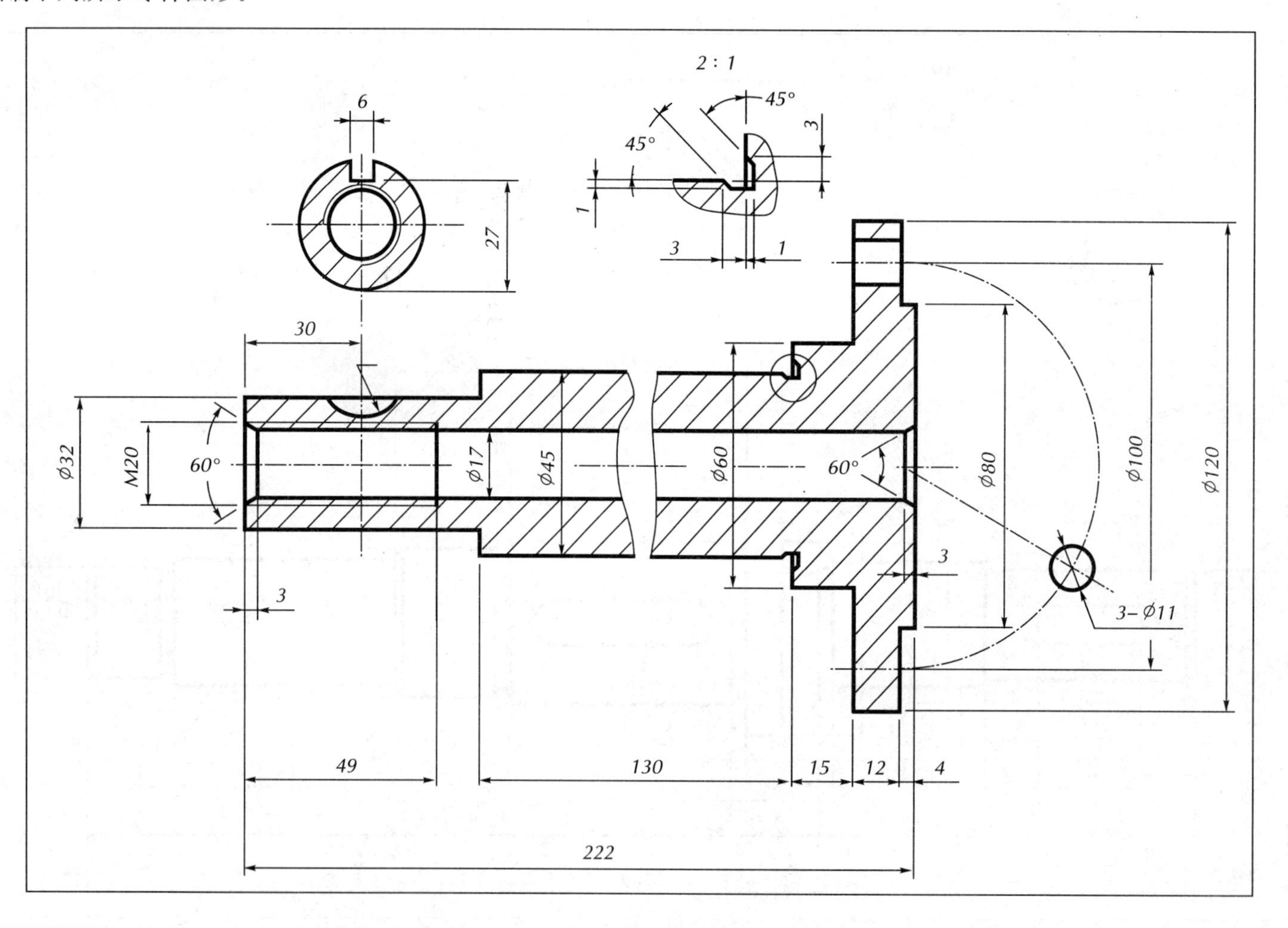